どっちが
どっち

梁井貴史●著
Yanai Takashi

金子貴富●イラスト
Kaneko Takatomi

まぎらわしい
生きものたち

さくら舎

はじめに

ちがいを問われると、意外と答えにつまってしまう。
本書では、そんないきものたちをご紹介します。

ほとんどちがいはないように見えるのに、
一方は草食、一方は雑食。
系統はちがうのに、同じような姿。
ちがうと思っていたら、じつは同じ仲間。

名前が似ていても、まったく別のいきものもいます。
漢字で読むと、姿を思い描きやすいものもいるでしょう。
先人たちの絶妙なネーミングセンス、
うっかりミス、カン違いから生まれた名前も……

ぜひ肩の力を抜いて、お楽しみください。
そのまぎらわしさも含めて、
いきものたちを愛しんでいただけたら、
幸いです。

どっちがどっち　まぎらわしい生きものたち

目　次

Part 1　どっちがどっち？ ～似て非なる生きもの～

Part 2　けっきょくナニモノ？ ～まぎらわしい名前の生きもの～

※Part 1で紹介するいきものについて、「哺乳類」「両生類・は虫類」「貝・エビ・カニ」「魚」「虫」「鳥」と分けて示していますが、これは読みやすさを優先しており、生物学の分類に正確に則ったものではありません。正確な分類については本文の説明や、124〜125ページの図をご参照ください。

※いきものの名前の表記について、和名の正式名称はカタカナ、学名（万国共通の生物名）はアルファベットの斜体で表記しています。大文字で始まっているものは学名のうちの「属名」、小文字で始まっていたら「種名（種小名）」です。

※本書の内容の一部は、ラジオ番組『高嶋ひでたけの特ダネラジオ　夕焼けホットライン』（ニッポン放送）で、以前筆者が出演した際の元原稿を転載しています。

索引目次

生きものの大きさの表し方について

本書では、以下のように示しています。なお、大きさはおおよそのものです。

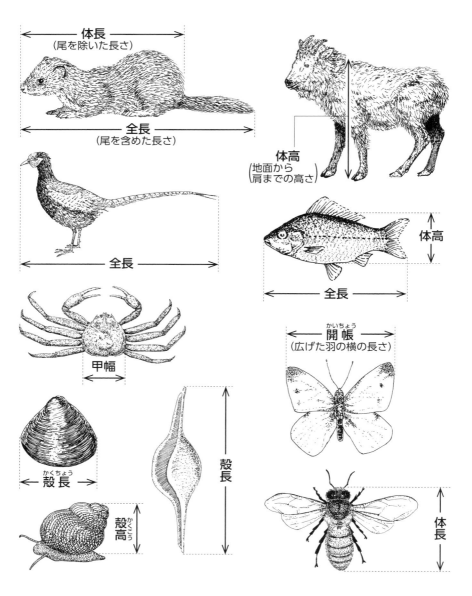

Part 1

どっちがどっち

似て非なる生きもの

…けっこう いろいろ
ちがいますよ

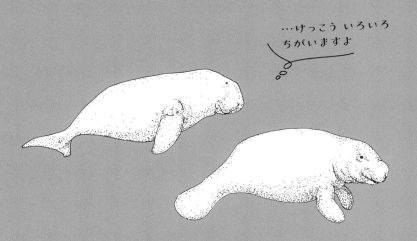

ムササビ と モモンガ

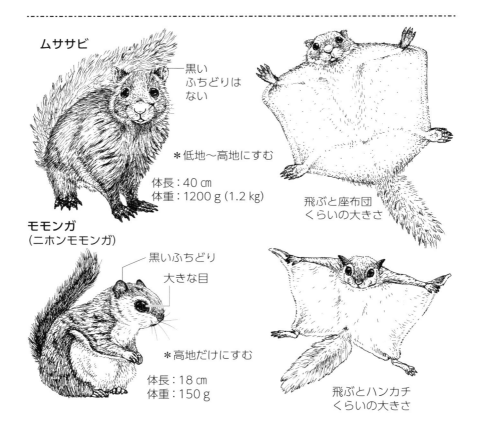

ムササビ

黒い
ふちどりは
ない

＊低地〜高地にすむ

体長：40 ㎝
体重：1200 g (1.2 kg)

飛ぶと座布団
くらいの大きさ

モモンガ
（ニホンモモンガ）

黒いふちどり

大きな目

＊高地だけにすむ

体長：18 ㎝
体重：150 g

飛ぶとハンカチ
くらいの大きさ

　ムササビもモモンガも漢字では「鼯鼠」と書くことから、昔は両者を区別していなかったことがわかります。区別するようになったのは明治時代になってからのことです。

　両者ともリス科の動物で、日没近くに起き出して餌場へと出かけていき、果実や木の実などを食べます。移動の際は手と足の間にある飛膜（皮膚の一部がマント状に変化したもの）を広げて、スキーのジャンプ選手さながらに大の字になって空中を滑空します。樹木の高いところから、遠くの樹木の幹へと、そ

の落差を利用して流線形の弧を描いて滑空します。しかも滑空しながら尾を舵のように使って方向を変え、正確に目的地点に達します。そして樹の上部に駆けのぼって、再び滑空……これをくり返し、けっして地上には降りません。

「ちょっとのどが渇いたので、地上に降りて岩の間からしみ出る湧水をゴックン」なんてことは、ありません。水分は食料に含まれる水分や夜露で補います。まさに完全な樹上生活者です。人間の社会では「しっかりと地に足をつけて」などと諌めたりしますが、彼らは子どもたちを何と言って戒めているのでしょうか。

ムササビとモモンガの最大のちがいは体の大きさです。ムササビはネコくらい、モモンガはリスほどの大きさです。英名ではムササビは giant flying squirrel（体の大きな空飛ぶリス）ですが、モモンガは単に flying squirrel で、英語圏では体の大きさで両者を区別しています。

ムササビは体が大きいので150mくらい滑空しますが、モモンガは50mくらいの距離しか滑空できません。両者とも樹上生活、しかも夜行性ということで、キツネなど多くの地上の捕食者に襲われることは少ないとはいえ、ほかの野生動物と同じように常に危険にさらされています。例えば、モモンガはしばしばフクロウに捕食されます。ムササビは体が大きいのでフクロウから襲われることはありませんが、木のぼりが上手なテンには補食されます。

ムササビという名前の由来は、飛膜を広げたときの大きさにくらべて胴体が細いという「身細（ミササビ）」からです。モモンガは月明かりの下で、樹から樹へフワーッと飛ぶのを見た昔の人が、妖怪の類にちがいないとしてつけた「物の怪（モノノケ）」が転じたものです。

ムササビもモモンガも飛んでいない!?

ムササビもモモンガも「飛ぶ」のではなく「滑空」します。哺乳類で飛ぶ（翼をバタバタさせる）ことができるのはコウモリだけです。

トビトカゲやトビヤモリ、ヒヨケザル、海水中にすむトビウオやトビイカなども飛ぶのではなく、飛膜によって滑空します。

アフリカゾウ と アジアゾウ

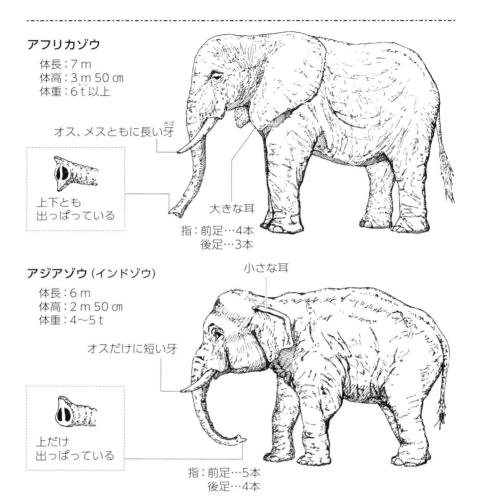

アフリカゾウ

体長：7 m
体高：3 m 50 cm
体重：6 t 以上

オス、メスともに長い牙

上下とも
出っぱっている

大きな耳

指：前足…4本
　　後足…3本

アジアゾウ (インドゾウ)

小さな耳

体長：6 m
体高：2 m 50 cm
体重：4〜5 t

オスだけに短い牙

上だけ
出っぱっている

指：前足…5本
　　後足…4本

　ゾウのなかでも、**アフリカゾウ**は現存する陸上動物では最大で、オスには体重8tに達するものもいます。その大きな体を維持するために、食べる量は1日に150 kgくらいで、食事時間は10時間以上です。そしてウンチの量は1日に75 kg。じつにダイナミックです。

1日に10時間以上も草を嚙んでいたら、歯も摩滅してしまうのでは？　と心配になりますが、好都合なことに臼歯（奥歯）は摩滅すると、6回も生えかわります。ちなみにゾウの臼歯は上下左右に1本ずつ、合計4本ありますが、1本の歯の重さは約3kg、その大きさは人間の靴ほどもあります。長い牙は切歯（門歯）で、いわゆる前歯です。切歯は生涯伸びつづけるので、熟年のゾウほど長くなります。

ゾウは食べ物も鼻ではさんで口にもっていきますが、もし鼻が長くなかったら、その都度あの巨体で大きくかがむことになり、水を飲むのも食事をするのも大変な苦労を強いられることになります。

ゾウは、大きくアフリカゾウとアジアゾウ（インドゾウ）に分けられますが、アフリカゾウはアジアゾウにくらべると、体も、耳も、牙もすべてがジャンボサイズです。特に耳が大きいのが目立ちます。

日中、大きな耳をバタバタと前後に動かしているのは、耳は熱を発散させるラジエーターのような働きをしているからです。ゾウには汗腺がないので、耳は体温調節のためになくてはならないものです。

アフリカゾウでは牙はオス・メスともに生えています。象牙を目的とした狩猟のために絶滅の危機に瀕しており、ワシントン条約（絶滅のおそれのある野生動植物の種の国際取引に関する条約）で保護されています。気が荒く、あまり人には馴れないので、家畜化の歴史はありません。

アジアゾウ（インドゾウ）はアフリカゾウにくらべると、体も、耳も、牙もひと回り小さく、特にメスの牙は小さくて口の外に出ないので、外からは見えません。人によく馴れ、アジア南部では木材運搬など家畜としても利用されています。サーカスなどで芸をするのは、アジアゾウと思ってまずまちがいありません。

象という字は典型的な「象」形文字で、まさに象られたものです。ゾウとよぶのは漢語の「象」の呉音「ゾウ（ザウ）」に由来します。

漫画やイラストなどで、母親ゾウがやさしいまなざしで振り向き、後ろの子どものゾウを見ている絵を見かけますが、ゾウは首が短く、後ろを振り向くことはできません。そのかわり、長い鼻を後ろに向けて後方のようすをにおいで探ります。寿命は60〜70年です。

シカ と カモシカ

シカ（ニホンジカ）

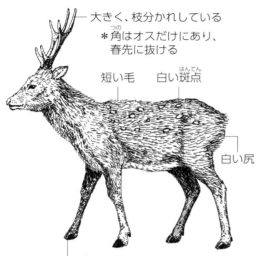

大きく、枝分かれしている
＊角はオスだけにあり、
春先に抜ける

短い毛　　白い斑点

白い尻

体長：1 m 50 cm　体高：80 cm

蹄はほっそりしてお
り、草原を歩くのに
適している

カモシカ（ニホンカモシカ）

短く、後方にそっている
＊角はオス・メスともにあり、
一年中生えている

長い毛

体長：1 m　体高：70 cm

蹄は太くて頑丈。岩山
をのぼったり、雪原を
歩くのに適している

　シカ（ニホンジカ）はシカ科に属し、褐色の毛に白斑があります。白斑の
ある夏毛は、木漏れ日の下では敵に発見されにくい保護色となっています。危
険が迫ると尾を立てて、お尻の白斑を大きく見せて仲間のシカに知らせます。
子どものシカには、茶色の地色に多数の白い斑点があり、いわゆる「鹿の子模
様」をしています。成長したシカのオスには枝分かれした立派な角があります
が、春先に交尾が終わると根元からポロッと落ちてしまうので、毎年シカの角
は抜けかわります。

　カモシカ（ニホンカモシカ）は、シカ科ではなくウシ科の動物です。つまり、

シカの仲間ではなくウシの仲間です。スペインの闘牛にはオスもメスも区別なく登場しますが、そのなかに角のないウシがいないことからもわかるとおり、ウシにはオス・メスともに15 ㎝くらいの小ぶりの角が2本あります。ウシの角は抜けかわることがなく、もし抜けてしまうと、二度と生えてきません。

　日本にすむ唯一の野生のウシ科の動物、それが**ニホンカモシカ**です。**カモシカ**に、オスとメスの形態的な差はほとんどありません。ウシ科なので**カモシカ**の角はオス・メスを問わず生えています。**シカ**に比べて毛が長く、足の毛（すね毛）は濃い褐色をしています。全体的にずんぐりとした体型です。すらりと伸びた長い足を「カモシカのような足」と形容し、そのように言われた方は照れたりすることがありますが、じつは**カモシカ**の足はかなり短いので、本物を見たらガッカリするのではないでしょうか。

　カモシカは敵に追われると、峻険（しゅんけん）な場所に逃げることで難を逃れます。岩山にたたずむ姿から「山の哲学者」などといわれたりしますが、「**カモシカ**は草のみに生きるにあらず」などと懊悩（おうのう）しているのではありません。見晴らしのよい岩山で、敵は迫ってきていないかとビクビクしながら、懸命にあたりを見張っているのです。

　シカは移動しながら糞（ふん）をするのであたりに糞が散乱していますが、**カモシカ**は1ヵ所にまとまってする習性があります。

　カモシカを「氈鹿」と書くのは、かつて**カモシカ**の毛が毛氈（もうせん）（毛織の敷物）をつくるのに最適であったことに由来します。名前の由来は「鴨（かも）の肉のような味」とか「鴨と鹿（しか）の間の味」とかいう説がありますが、真偽（しんぎ）のほどは不明です。私見ですが、昔の人が外見から「鹿（の仲間）かも」と思い、「しかかも」とよんでいたものが、いつしか「かもしか」になったのかも知か？（意味不明）。

　ニホンカモシカは氷河期（ひょうがき）以前からの生き残りで、日本の固有種です。木の葉や草を食べますが、植林したヒノキの苗木を食い荒らすことから、いまでは「害獣（がいじゅう）」として駆除されている地域もあります。1972年、中国からジャイアントパンダが上野動物園に贈呈（ぞうてい）されましたが、そのお返しとして北京（ペキン）動物園へ贈られた動物が**ニホンカモシカ**でした。たしかに日本の固有種ですが、「珍獣」であるパンダのお礼として、国内ではもてあましている「害獣」を贈ったというのは、中国側に対して何か申し訳ないような気がしないでもありません。

イタチ と テン

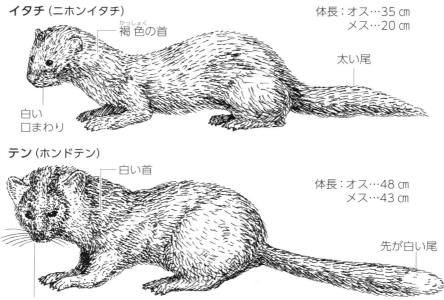

イタチ (ニホンイタチ)

褐色の首

白い
口まわり

太い尾

体長：オス…35 ㎝
　　　メス…20 ㎝

テン (ホンドテン)

白い首

先が白い尾

体長：オス…48 ㎝
　　　メス…43 ㎝

顔の毛は夏は黒く、冬は白い

　イタチも**テン**もイタチ科に属し、外見的には胴長短足です。動作が機敏で夜行性ということもあり、人の目に触れる機会の少ない動物です。**テン**は**イタチ**にくらべてはるかに大きく、首のあたりや尾の先が白く、耳も大きいなどの特徴がありますが、野外で一瞬のうちに両者を見分けるのは難しいものがあります。昔の人も両者の判別には手を焼いていたと思われ、「イタチになったり、テンになったり」ということわざがあるくらいです。

　イタチ（ニホンイタチ）の体の色はオス・メスとも夏は暗褐色、冬は黄褐色をしており、尾は太くてふさふさしています。オスの体長は35 ㎝、体重は500gほどですが、メスは体長20 ㎝、体重も200gほどしかありません。一般に、一夫多妻の動物ではオスとメスでは著しく体の大きさに差がありますが、一夫一妻の動物ではオスとメスの体はほぼ同じくらいの大きさです。**イタチ**は

一夫一妻なのですが、オスのほうがかなり大きいのがなぜなのかは謎です。

　イタチ（鼬）は平地から低山にかけての水辺に多く、手足の指の間には水かきがあり、泳ぎも上手です。行動が素早く、わずかなすきまでも出入りできるうえ、食べる分だけを殺すのではなく、目についたものは手当り次第に嚙み殺す性質があります。ネズミ退治のために、**イタチ**を島などに放獣するのはこの性質に着目してのことです。

　息を殺して獲物に忍び寄るところから「息絶ち」とよばれたのが名前の由来です。また**イタチ**は、しばしば後足と尾を利用して人間のように立ちあがり、まわりを見渡します。この立ちあがった姿が火柱に似ているところから、「火立ち」とよばれていたものが訛ったともいわれています。

　テン（ホンドテン）も動作は機敏で、日中は樹洞や岩穴などに隠れている夜行性の動物です。**イタチ**よりひと回り体が大きく、毛並みはつややかでやわらかです。木のぼりが上手で、ムササビにとって最大の敵です。ふだんは肉食性でネズミやウサギ、トカゲ、カエル、魚などが主食ですが、木にのぼって果実も食べます。テン（貂）は漢字音では「トン」で、これが訛って「テン」となりました。テンの英名はmartenで、マーティンと発音します。

似ているけれどもっと大きい！　カワウソ

　イタチやテンに似ている動物として**カワウソ**がいます。世界各地の川や海の近くにすみ、イタチに似ていますが、はるかに大型で体長は約80㎝です。上下に平たく長い尾、きわめて小さい耳、短い手足をしています。指の間には水かきがあり、泳いだり潜水したりして魚などを捕食します。

　なかでも**ニホンカワウソ**は日本全国の河川にすむ身近な動物でしたが、毛皮を求めて大量に捕獲され、わずかに残ったものも生息環境の悪化で激減しました。国内では1979年、高知県で目撃されたのを最後にぷっつりと消息が途絶えました。日本産のものは絶滅したと考えられています。

　カワウソ（川獺）は「カワヲソ」が転じたもので、川にすむ「獺（偽り）」、すなわち獣でありながら水に潜るという習性に由来します。伝説の動物カッパの正体はカワウソという説が有力です。

ニホンイタチ と チョウセンイタチ

ニホンイタチ

体長：オス…35 ㎝
メス…25 ㎝

チョウセンイタチ

＊野外で両者を瞬時に区別するのは困難

体長：オス…35 ㎝
メス…20 ㎝

　イタチは里や山の水辺を好み、手足の指には水かきがあり、泳ぎの達人です。体は細長く、愛嬌のある顔をしていてペットとして飼いたいくらいかわいい動物です。日本に生息するイタチには、ニホンイタチ（日本イタチ）とチョウセンイタチ（朝鮮イタチ）の２種がいます。

　チョウセンイタチはSiberian weasel（シベリアイタチ）という英名が示しているように、広くシベリアから中国、朝鮮半島に生息しています。朝鮮半島にだけすんでいるというわけではなく、朝鮮半島で捕獲したものを日本へ移入したことからの命名です。

　チョウセンイタチの日本への侵入の経緯は不明ですが、毛皮用（軍隊の防寒着。旧満州へ出兵する兵士たち用）にもちこまれたものが、1930年頃、兵庫県の養殖場から逃げ出して野生化したといわれています。野生化したチョウセンイタチは、在来のニホンイタチを山間部へ追いやりながら次第に分布域を広げ、現在では中部地方以南、九州、四国および周辺の島々にまで広く生息しています。

　両者を判別するのは専門家でも難しいとのことです。強いてちがいを挙げれば、チョウセンイタチのほうがニホンイタチより尾が長く、体色がやや淡い点

です。とはいえ、個体差があるので決め手にはなりません。**ニホンイタチ**は小魚やカエルなどを主食とするのに対して、**チョウセンイタチ**は雑食性で何でも食べます。両種とも夜行性ですが、**チョウセンイタチ**は日中も出歩くことがあります。

毛皮用にもちこまれたヌートリアとマスクラット

　チョウセンイタチは、軍隊の毛皮用にもちこまれたものが逃げ出したとされ、現在問題になっている「外来動物」ですが、同じような動物として**ヌートリアやマスクラット**がいます。

　ヌートリアとマスクラットは、巨大なネズミといった風体で、カピバラに似た動物です。両者の体型は似ていますが、**ヌートリア**のほうがひと回り大きな体です（**ヌートリア**の体長は 50 ㎝、尾の長さは 40 ㎝。**マスクラット**の体長は 30 ㎝、尾の長さは 25 ㎝ほどです）。

　ヌートリアは、南米の河川や湖沼、湿地などにすんでいて、現地では「コイプ」とよばれています。**ヌートリア**というのはコイプの毛皮名で、動物名としては本当は不適切です（つまり、ヒツジの毛をウールといいますが、「ヒツジ」を「ウール」とよんでいるようなものです）。

　ヌートリアは別名として「沼狸」ともよばれ、「勝利」に通じるところから当時の時代背景もあって、日本国内でさかんに養殖されました。

　マスクラットは北米原産で、**ヌートリア**より小型です。"musk（麝香）rat（ネズミ）"というのは、繁殖期に麝香のにおいのする分泌物を出すことから名付けられました。ところが、日本にはすでに「ジャコウネズミ」と名付けられた動物がいたので、この新参者の動物を「**マスクラット**」とよぶようになりました。先述したように、両種は軍隊の防寒着として輸入されましたが、太平洋戦争終結後は需要がなくなり、放置された養殖場から逃げ出すなどして野生化しました。

　ヌートリアは水辺の畑作物を食害したり、巣穴をつくって堤防や畦を破壊したりする厄介者として、現在駆除されています。一方、**マスクラット**は個体数が激減し、限られた地域で細々と暮らしているのが現状です。

　「外来動物」は人間によって勝手に連れてこられて、帰ろうにも帰れず、やむなくその地で生き延びているというのが実情です。

タヌキとアナグマ

タヌキ（ホンドタヌキ）

目のまわりが
黒い毛で
おおわれている

丸みを帯びた耳

ずんぐりしている

体長：60 cm

毛深い顔

細い手足

後足の指は4本

後足はかかとを
上げ、指先のみ
で歩く

アナグマ（ニホンアナグマ）

目のまわりに
縦に広がった
黒い斑紋

小さく目立たない耳

体長：50 cm

短い毛

太い手足

かかとを地面に
べったりつけて歩く

後足の指は5本

　目のまわりが黒っぽく、足が短くてずんぐりした体型など、**タヌキとアナグ
マ**はよく似ています。また、両者とも夜行性の動物で日中は穴にこもっていま
す。**アナグマ**のことを別名「ムジナ」といいますが、地域によっては**タヌキ**を
指すこともあり、両者の混同ぶりが窺えます。

　しかし、外見は似ているものの**タヌキ**はイヌ科、**アナグマ**はイタチ科に属し
ます。毛皮も差があり、**タヌキ**のほうがはるかに良質です（ことわざも「捕ら

ぬ狸の皮算用」であり、「捕らぬ穴熊の〜」とはいいません）。**タヌキ**とよばれる語源も、その毛皮で「手貫」（籠手の類）をつくることからです。

　タヌキはイヌ科だけに集団性が強く、数頭の群れで行動し、あまり人を恐れず餌づけされやすい習性があります。ただし、イヌは木にのぼれませんが、**タヌキ**は木にのぼれます。猟犬に追われて切羽詰まると木にのぼって難を逃れ、木の上で立ち往生したりします。イヌ科のなかで、木にのぼることができるのは**タヌキ**だけです。

　タヌキは臆病な動物で、鉄砲の弾が頭上をかすめただけで、驚いてショックのあまり気絶してしまうほどです。猟師は死んだものと思いこみ、悠長にかまえていると、意識が戻った**タヌキ**はサッと逃げてしまいます。おもむろに猟師が行ってみると「あれっ？」ということになり、こんなことから「狸寝入り」という言葉が生まれました。ちなみに「狸寝入り」のことを英語では「狐寝入り（fox sleep）」といいます。

　タヌキは雑食性で何でも食べますが、周辺にいる**タヌキ**は決まった場所に糞をします。この共同トイレは「溜糞」といい、**タヌキ**の情報交換の場となっています。仲間の糞のにおいを嗅いで、周辺にどんな餌があるかの手がかりにしています。「う〜ん、グッドスメル、お隣さんはいいもの食べてるなぁ〜」と判断すると、ちゃっかり隣の行動圏に侵入していきます。

　タヌキは自分で巣穴を掘ることはほとんどありませんが、**アナグマ**（穴熊）は名前のとおり（といっても、クマの仲間ではありませんが）穴掘りが上手です。カギ状で長い前足の爪を使って土中に穴を掘ります。トンネルは中でいくつにも枝分かれし、まるで迷路のよう。そこには複数の家族が生活しており、これが「同じ穴の狢」といわれるゆえんです。トンネル内にはトイレはないため、糞は外で行います。**タヌキ**と同様に溜糞の習性があり、また同じく雑食性です。

　俗にいう「タヌキ汁」の材料は、じつは**アナグマ**の肉で、冬ごもり前が最高に美味といわれています。**タヌキ**の肉は泥臭く、脂も強すぎて、とても食べられたものではないそうです。「タヌキそば」は美味ですが。

　将棋の手で「穴熊」はありますが、「狸」という手はありません。そのかわり形勢不利を装って逆転の機会を窺う「狸親父」は存在します。

ヤマアラシ と ハリネズミ

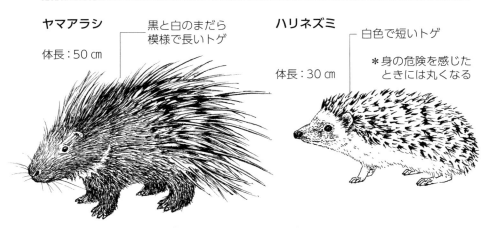

ヤマアラシ
体長：50 ㎝

黒と白のまだら模様で長いトゲ

ハリネズミ

白色で短いトゲ

体長：30 ㎝

＊身の危険を感じたときには丸くなる

　ヤマアラシもハリネズミも体に長い針（トゲ）が生えていますが、これは毛が変化したものです。ヤマアラシのほうがハリネズミよりも体が大きく、トゲも長いことから容易に判別できます。顔（口元）を見くらべると、ヤマアラシは齧歯類（まさに「齧る歯」でネズミの仲間）なので、上下１本ずつ門歯（前歯）があります。一方、ハリネズミは名前に「ネズミ」とついていますが食虫類で、モグラの仲間です。といっても、モグラのように坑道は掘りません。ハリネズミの鼻は長く突き出ていて、歯は鋭く尖っています。ヤマアラシはトゲを使って敵を攻撃しますが、ハリネズミは専守防衛です。両者とも日本にはすんでいません。

　ヤマアラシは「山嵐」ではなく「豪猪」と書きます。豪猪は中国語で「気性の荒い豚」の意です。ヤマアラシは敵が近づくと30 ㎝以上もあるトゲを逆立て威嚇します。それでも相手が立ち去らない場合は、最終手段に打って出ます。逆立ったトゲは後方に向いているので、クルッと後ろ向きになり、バックで走ってトゲを刺し、攻撃するのです。後ろ向きになって敵に突進する姿を想起すると、ちょっと笑えます。

　敵に突き刺したあとのトゲは、ヤマアラシの体からは抜けやすく、しかし先端には細いかえしがあるため、刺さったところから抜けないようになっていま

す。しかもその部分の筋肉が収縮するたびに、トゲはますます深く刺さっていきます。このトゲはライオンやヒョウさえも倒せるほど強力なものです。

ヤマアラシは日中は穴に隠れ、夜になると穴から出てきて木の根や皮、葉や果実を食べます。死肉も食べますが、その場合は骨までかじります。これは、トゲの成長に必要な石灰分を補給するためと考えられています。

子どもは生まれたときから全身にトゲが生えていますが、やわらかいのでお産には支障がありません。英名はporcupine（豚＋松）で、ブタのような鼻と、トゲを松の葉に見立てたところからです。ちなみに、porcupine fishというとハリセンボンのことです。

ハリネズミ（針鼠）も鋭いトゲが体一面に生えています。しかしヤマアラシとちがって敵を攻撃するのではなく、体を球形に丸めて防御するだけです。丸くなると同時にトゲが直立し、ちょうど栗のいがのようになります。敵が攻めあぐね、あきらめて立ち去るのをひたすら待つのです。そして危険が去ったと判断すると元の形に戻り、スタコラ歩きはじめます。丸い体に短い足、走る姿はユーモラスで心がなごみます。

ハリネズミも夜行性で、昆虫やカエル、ヘビ、トカゲ、鳥の卵、ネズミ、果実など、手に入るものは何でも食べます。冬は枯れ葉を集めた巣の中に潜り、丸くなって冬眠します。英名は hedgehog（生け垣豚）で、ヨーロッパなどでは庭の生け垣などで見つかることが多く、鼻が突き出ていてブタの横顔に似ていることからの命名です。

ほかにもいる！　トゲのある生きもの　ハリモグラ

ハリモグラは敵に襲われると猛然と土を掘りはじめ、体を徐々に土の中に沈めていきます。背中にトゲがあるので、その間に敵に襲われることもありません。哺乳類としてはめずらしく、カモノハシと同様、卵を産みます。

体長：45 cm

ノウサギ と カイウサギ

ノウサギ

体長：50㎝

白い口元

褐色<small>（かっしょく）</small>

＊寒い地方のものは、冬には耳先以外は
　全身白色になる
＊座ったとき、上半身を起こした姿勢

カイウサギ（ペットのウサギ）

体長：40㎝

＊ペットでは、体の大きさや色、耳の長さ
　はさまざま
＊座ったとき、ベターっと体を伏せた姿勢

　ウサギの前足は短く、後足は長くなっています。これは、後足で地面を強く
蹴（け）ってジャンプしながら敵から逃げるのにも、山の斜面を一気に駆けあがるの
にも適しています。物事がスムーズに進むことを「兎の上り坂（うさぎ）」とはよくいっ
たものです。前足が短いことから昔は**ウサギ**は四つ足の動物（獣）ではなく、
2本足の動物とされていました。獣でなかったら何なの？　鳥です。**ウサギ**を
1羽、2羽と数えるのはその名残（なごり）です。ヨーロッパの修道院や日本の寺院など、
獣肉の食用を忌むべきものとされた社会でも、「鳥類であるウサギ」の肉は食
べることが許されていました。
　ペットのウサギは**カイウサギ**（飼いウサギ）ともよばれます。**ウサギ**は夜行（やこう）
性（せい）の動物で、すんでいる場所によって**ノウサギ**（野兎）と**アナウサギ**（穴兎）
に分けられます。**ノウサギ**（野兎）を飼い馴（な）らしてペットとしていると思って

いる人が多くいますが、**ペットのウサギはアナウサギを飼い馴らしたもの**です。

　ノウサギは藪（やぶ）などの茂みに単独で暮らしています。出産に際しても巣をつくらず、草原のくぼみなどで出産します。生まれた子どもには毛が生えており、目もぱっちり開いています。数時間後には母ウサギといっしょに行動することができます。**ノウサギ**の体の色は褐色（かっしょく）ですが、雪の降る地方に暮らすものでは冬には白くなります。換羽（かんう）（衣換え）のしくみは、気温とは無関係で、日照時間の変化によります。

　アナウサギ（穴兎）は名前のとおり、地中に穴を掘って集団生活をしており、昼間はそこに隠れていて、夜になると地上に現れます。前述のとおり、**ペットのウサギはアナウサギを飼い馴らしたもの**なので、柵で囲っただけの場所に放し飼いにすると、さかんに地中に穴を掘りはじめます。

　ペットのウサギで全身真っ白のものは「アルビノ」といって色素が抜けています。目のところにある多数の毛細血管までもが透けて見えるので、目が赤く見えます。白ウサギ以外のウサギの目にはちゃんと色素があるので、目のところの毛細血管が透けて見えることもなく、目は黒色です。

　アナウサギの耳は**ノウサギ**ほど長くはありません。耳が長いと穴の中で生活するのに邪魔になってしまいます。出産は穴の中で行われますが、生まれた子どもは体毛も生えていないし、目も開いていません。母ウサギに何から何まで面倒を見てもらわないと生きていけない状態です。未熟な子どもを産むので、安全のために穴の中で出産するのか、穴の中という安全な場所なので未熟な子どもが生まれるのか、どちらかはわかりません。

　英語では**ノウサギ**をhare（ヘア）、**アナウサギ**をrabbit（ラビット）と明確に区別しています。日本でどちらも「**ウサギ**」としているのは、**アナウサギ**は日本にはすんでいなかったからです。**アナウサギ**が日本にはじめて入ってきたのは天文年間（てんぶん）（16世紀の中頃）ですが、たくさん輸入されるようになったのは明治時代以降です。当然のことながら、『因幡（いなば）の白兎（しろうさぎ）』や「鳥獣戯画（ちょうじゅうぎが）」、文部省唱歌「故郷（ふるさと）」の♪兎追いし、かの山♪のウサギはすべて**ノウサギ**です。蛇足（だそく）ながら、バニーガール（bunny girl）の「バニー」というのは**アナウサギ**のほうです。

　ウサギの名前の由来は、尾が短いことから「オサキ（尾先切）」が転じたものです。

ドブネズミ と クマネズミ

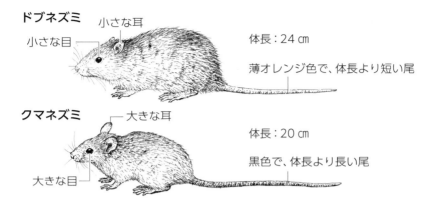

ドブネズミ
小さな目
小さな耳
体長：24 ㎝
薄オレンジ色で、体長より短い尾

クマネズミ
大きな耳
大きな目
体長：20 ㎝
黒色で、体長より長い尾

　ネズミは全身に病原菌をまとっているような印象から嫌われ者である反面、ミッキーマウスのように親しまれている動物でもあります。私たちの身近にいるネズミは、北方系の**ドブネズミ**と南方系の**クマネズミ**です。

　ドブネズミ（溝鼠）は体が大きく、体は褐色です（英名はbrown rat）。人家周辺の下水道やドブ、河川敷など水のそばにすんでいます。泳ぎは上手ですが、垂直運動や綱渡りはあまり得意ではありません。

　クマネズミ（熊鼠）は、かつては人家の天井裏などにすんでいる（英名はroof rat）、ごくありふれたネズミでした。体が細く、長い尾を巧みに使って細いロープやワイヤーを渡るのもお手のもので、壁などをのぼるのも得意です。最近では大都会の高層住宅やビルにすみつき、コンピュータのケーブルがかじられるなどの被害が頻発しています。

　ネズミという名前は、その昔、人が寝静まるととたんに天井裏を駆けまわるところから、あたかも人が寝入るのを天井裏からじっと「寝ず（に）見（ている）」かのよう、というのに由来します。天敵であるネコが「（いつも）寝（てばかりいる）子」であるのとは対照的です。

　英語では、大きなネズミをrat、小さなネズミをmouse、特に体が小さく尾が短いネズミ（ハタネズミなど）をvoleと使いわけています。

ミーアキャットと プレーリードッグ

ミーアキャット

イタチの
ような顔

目のまわり
と耳が黒い

体長：30㎝

長い尾

プレーリードッグ

リスの
ような顔

体長：40㎝

短い尾

　ミーアキャットもプレーリードッグも動物園の人気者です。後足で立ちあがり、周囲をキョロキョロ見渡す姿で知られています。敵を見かけると地中に掘った巣穴に一目散に入りこんで、難を逃れます。

　ミーアキャットはアフリカ南部の平原や砂漠にすんでいます。日光浴が大好きで、朝はみんなで並んで日光浴をする姿が見られます。「キャット」と名付けられていますがネコの仲間ではありません（マングースの仲間）。岩場などに10〜15頭の群れで暮らし、昆虫や小鳥を食べる肉食動物です。それだけに鋭い歯や長い爪をもっています。

　プレーリードッグは北アメリカの草原にすんでいます。「ドッグ」と名付けられていますが、犬の仲間ではありません（リスの仲間）。犬に似た鳴き声を発するのでこの名になりました。カウボーイが活躍していた開拓時代のアメリカでは、プレーリードッグの掘った巣穴に牛馬が足を突っこんで骨折することからひどく嫌われ、大量に殺戮された受難の歴史をもちます。

　以前は、ペットショップで狭い檻に入れられ売られていました（2001年には1万3000頭以上が輸入されていました）が、ペスト菌を媒介する可能性があるとして2003年に輸入が禁止されました。

ニホンリス と タイワンリス

哺乳類

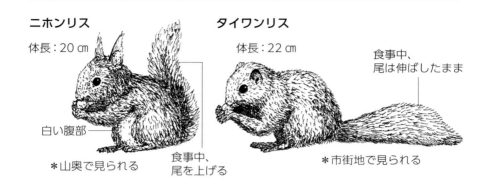

ニホンリス
体長：20 ㎝

白い腹部

＊山奥で見られる

食事中、
尾を上げる

タイワンリス
体長：22 ㎝

食事中、
尾は伸ばしたまま

＊市街地で見られる

　タイワンリス（台湾リス）といっても、台湾だけにすんでいるわけではなく、ミャンマーやマレー半島などにも分布しています。日本では1933年頃、伊豆大島で動物園から逃げ出したものが野生化しました。その後もペットとして輸入されたものが、関東各地などで野生化しているのが見られるようになりました。伊豆大島ではツバキへの食害が、神奈川県鎌倉市では樹木の皮を丸裸にしたり、電話線をかじるなどの被害が目立っています。

　ニホンリス、タイワンリスともに体は濃褐色なのですが、腹部を見るとニホンリスは純白なのですぐに見分けがつきます。また、餌を食べているときの尾を見ると、かんたんに見分けられます。ニホンリスは太い尾を背中に乗せていますが、タイワンリスの尾はダラリと伸ばしたままです。

　また、野外（特に市街地）で見かけるのは、まちがいなくタイワンリスです。ニホンリスは本州、四国、九州の平地から亜高山帯の森林にすんでいて、用心深く、めったに人前に姿を見せることはありません。一方、タイワンリスは観光地や住宅地にすんでおり、人間の与える餌に寄ってきます。与えられた餌を両手ではさんでもぐもぐタイム。タイワンリス急増によるさまざまな被害から、各自治体では餌を与えないよう立て看板を設置するなどして対応していますが、姿形が「かわいい」ということで、徹底されていないのが実情です。

「リス」の名は「栗（を食べる）鼠」という、「栗鼠」が転訛したものです。

ニホンザルとタイワンザルのちがいは？

　タイワンザル（台湾猿）は本来、台湾などの山間部に生息しているサルですが、日本の動物園や観光施設で飼われていたものが逃げ出すなどして、日本で野生化しています。

　タイワンザルは40㎝ほどの太く長い尾をもち、尾が10㎝ほどしかないニホンザルと一見して識別可能です。在来のニホンザルとの交雑化が進んでおり、群れのなかには中間の尾をもつサルも目につくようになっています。

　このままでは純粋なニホンザルが消えてしまうと危惧されています。

ニホンザル

タイワンザル

タイワンザルと
ニホンザルの
交雑種

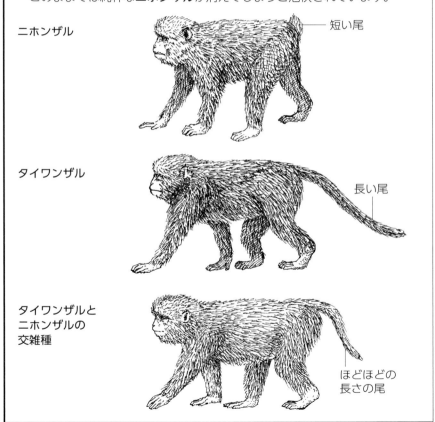

短い尾

長い尾

ほどほどの
長さの尾

ジュゴン と マナティー

ジュゴン

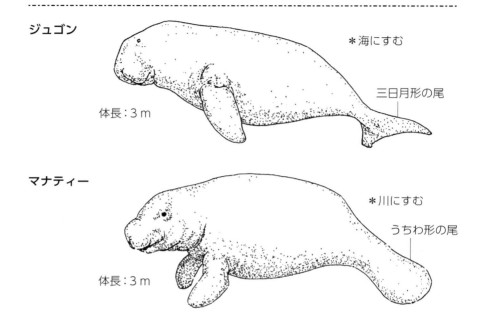

＊海にすむ

三日月形の尾

体長：3ｍ

マナティー

＊川にすむ

うちわ形の尾

体長：3ｍ

　ジュゴンは海水に、マナティーは淡水にすんでいますが、両者とも体長は約３ｍで、体型も似ています。前足はひれ状になっていて、後足もひれ状の尾になっています。草食動物で体が大きく、「海に生息する牛のようだ」というので分類学上「海牛類（かいぎゅうるい）」に属しています（淡水中にすんでいるマナティーも海牛類です）。水中にすむ哺乳類のなかで草食性なのは、ジュゴンとマナティーだけです。温和な性格で、体を防御する手段をもちあわせていないことから、外敵を逃れて水中に移りすんだと考えられています。

　ジュゴン（儒艮）はインド洋や南太平洋の亜熱帯（あねったい）から熱帯地域に分布していて、サンゴ礁周辺の岩場にすんでいます。波の静かな内海で出産し子どもを育てます。日本では沖縄本島の沿岸で数頭の生息が確認されています。全身の皮膚は厚く、ゾウの皮膚のようなしわが一面にあります。「ムーミン」を思わせる横顔や、スローモーションのような動きはどこか憎（にく）めません。アマモという

海草しか食べないうえ、神経質なため、飼育している水族館は限られています。アマモは韓国から空輸されるため高コストで、**ジュゴン**1頭の餌代は1日あたり5万5000円とのことです。学名は*Dugong dugong*で、マレー語のdugongに由来します。漢字の「儒艮」は当て字です。

マナティー（漢字表記はありません。マナティーとよぶのは英名のmanateeからです）は全身灰色をしていて、中南米の流れのゆるい河川などの濁った水のところにすんでいます。野生では水草を食べていますが、水族館ではレタスやキャベツなどの野菜のほか、牧草も与えています。

ジュゴンは「人魚」のモデルになった動物として知られています。人魚の上半身は髪の長い色白の女体で、下半身は大きな尾びれをもった魚の姿をしています。海の岩場に腰かけて、船乗りたちを誘惑するといいます。デンマークのコペンハーゲンの海岸にある像は有名です。

それにしてもなぜ、**ジュゴン**が人魚伝説のモデルに？　胸にふたつある乳房の形と位置や、子どもを胸に抱いて授乳する姿などから人間を彷彿とさせるといわれていますが、実際には乳房は胸というより前足のつけ根にあるし、しかも人間の女性のような豊かな乳房があるわけではなく、乳首がポツンとついているだけです。

この点は譲るとしても、身長は3m、体重は350kg。レスラーなんてメじゃない。おまけに顔はのっぺりしていて、口のまわりにはタワシのような剛毛が生えています。たしかに憎めない動物ですが、人魚をイメージするには無理があります。想像力の域をはるかに超えて（というより逸脱して）います。何をどう見たら、すらりとした「人魚」に見えるのか理解に苦しみます。ついでに、最後にもっと理解に苦しむ話を。人魚は英語でmermaid（マーメイド）ですが、驚くことに男性の人魚もいて、merman（マーマン）というそうです（見たくないものです）。

デンマーク・コペンハーゲンにあるアンデルセン童話『人魚姫』の主人公の像。ジュゴンとはほど遠い姿。
Pocholo Calapre/Shutterstock.com

イルカ と シャチ

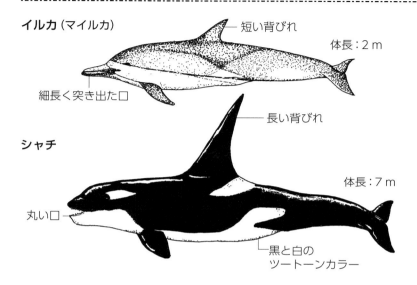

イルカ（マイルカ）
短い背びれ
体長：2 m
細長く突き出た口

長い背びれ

シャチ
体長：7 m
丸い口
黒と白の
ツートーンカラー

　イルカも**シャチ**とも**クジラ**の仲間です。体長3〜4 m以下の**クジラ**を**イルカ**といいます。魚は尾びれを左右に振って泳ぎますが、**クジラ**の仲間は尾びれを上下に振って泳ぎます（いわゆるドルフィン・キック）。

　クジラは世界中に約80種類いますが、歯があるクジラ（歯クジラ）と歯のないクジラ（髭クジラ）とに大きく分けられます。**イルカ**や**シャチ**はしっかりした歯があることからもわかるように、歯クジラに属します。歯のないクジラは上顎が「ひげ状」の構造をしていて、巨大な口をガバ〜ッと開いて大量の海水をダイナミックに飲みこみます。そして海水中の、オキアミというエビに似た小さな甲殻類を簾のようなひげで漉しとって食べます。

　髭クジラはシロナガスクジラなど大型のものばかりで、オスよりもメスのほうが大きな体をしています（歯クジラの場合は逆です）。

　クジラという名前の由来は、口が大きいことから「口広」が訛ったものです。漢字では魚偏に京（鯨）と書きますが、「京」は算用数字の位どりの「京」（1億の1億倍）で、体がケタちがいに大きいことに由来します。

　図の**マイルカ**は、海岸ではもっともよく見られるイルカで、口が細長くて黒色をしています。船のあとを群れをなしてジャンプしながら高速（ハイスピード）で追いかけてくることもあります。背びれは背中の中央にあり、三角形あるいは鎌状（かま）をしています。自ら超音波を発し、それがエコーとなってはね返ってくるのをキャッチして外部の情報を得ています。

　魚やイカを食べ、性質は温和で人なつっこく、よく芸を覚えます。ただし、芸を仕込むことができるのは子どものイルカだけです。縄文時代の各地の遺跡から数多くのイルカの骨が出土することから、当時の常用食肉だったと考えられています。名前の「イル」はうろこ、「カ」は食用獣を指しています。**イルカ**を「海豚」と書くのはその体型からです（ちなみに「河豚」はフグです）。

　シャチの体は黒と白のツートーンカラーで、黒くて大きな背びれが特徴です。背びれは成長するにつれてどんどん高くなり、２ｍほどにもなります。英名はkiller whale（キラー ホウェイル）（クジラ殺し）といいますが、その名のとおり、円錐形（えんすい）の鋭い歯で自分よりも大きなクジラにも襲（おそ）いかかります。歯クジラのなかで唯一、餌（えさ）を噛（か）みちぎって食べます。漢字は「鯱」で、虎の字が入っています。そのほか、魚はもちろんイルカやウミガメ、アシカ、アザラシ、オットセイなども捕食します。岸辺で休んでいるアシカを海から上陸して襲って食べることもあります。

　海の中で**シャチ**が現れると、マグロやイルカはパニックになり、浜に乗りあげてしまうほどです。性質はかなりどう猛ですが、**イルカ**と同様に若い個体から飼育すると、人によく馴（な）れて高度な芸も覚えます。

　シャチは語音が「幸」（さち）に通じるというので、縁起のいい魚（魚ではないのですが）といわれます。また、**シャチ**の背びれが中国の古代の武器「戟」（げき）を逆さに立てた形に似ていることから「サカマタ（逆戟）」ともよばれます。

「鯱」のべつの読み方

　「鯱」（しゃち）は「しゃちほこ」と読むこともできます。鯱（しゃちほこ）は頭はトラ、体は魚で、背中にはトゲがあるという想像上の動物です。火災除けとして城などの屋根に飾られます。名古屋城のシャチホコは「どえりゃぁ〜有名でよぉ〜」。

アシカ と アザラシ

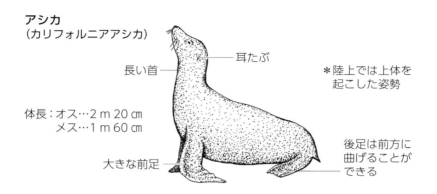

アシカ
（カリフォルニアアシカ）

長い首 ── 耳たぶ

＊陸上では上体を
　起こした姿勢

体長：オス…2 m 20 cm
　　　メス…1 m 60 cm

大きな前足

後足は前方に
曲げることが
できる

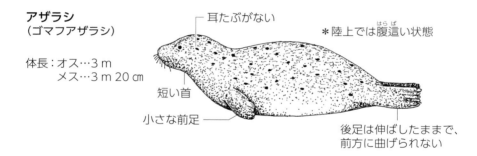

アザラシ
（ゴマフアザラシ）

耳たぶがない

＊陸上では腹這い状態

体長：オス…3 m
　　　メス…3 m 20 cm

短い首

小さな前足

後足は伸ばしたままで、
前方に曲げられない

　アシカやアザラシなど、4本の脚が鰭になっている動物を「鰭脚類」といいます。両者は繁殖期には「ハーレム」とよばれる一夫多妻の集団を形成することでも知られています。

　両者を外見で区別する決め手となるのは耳です。耳介（いわゆる「耳たぶ」）があるのがアシカで、アザラシはツルッとした頭に、いきなり耳の穴だけがポッカリ開いています。アシカの英名はeared seal（耳のあるアザラシ）、アザラシはtrue seal（真のアザラシ）またはearless seal（耳のないアザラシ）です。アシカはsea lionともいいます。また陸上では、アシカは上半身をグッと起こして手（前足）をついた状態で歩いたり、駆けたりします。一方、アザ

ラシは上体を起こすことすらできず、うつ伏せたままで、移動するときも体をくねらせて腹這ったまま前進します。

そのほか、**アシカ**の前足の爪は退化していますが、後足の爪は発達しています。それで、顔を掻くときは後足で掻きますが、**アザラシ**は前足に発達した爪があり、前足で顔を掻きます。

アシカは群れで生活し、陸からあまり離れません。以前は日本にもニホンアシカがすんでいましたが、1975年、島根県・竹島での確認を最後にまったく確認されていないため、絶滅したと考えられています。現在、水族館や動物園で見る**アシカ**はすべて外国産です。名前は、**アシカ**の頭部は角のない鹿に似ているということから「海鹿」に由来します。

アザラシを「海豹」と書くのは、豹のような斑点が体表にあるからです。その斑点を「痣」に見立て、「痣（のある）獣」でアザラシとよばれるようになりました。ただし、赤ん坊には斑点がなく全身純白です。一面に雪が積もった氷上で生まれるため、保護色になっています。

ところで、水族館でショーをやっているのは**アシカ**です。それもメスです。メスのほうが人に馴れやすく、芸をよく覚えるといわれています。**アザラシ**はショーには不向きです。先述したように、**アザラシ**は陸に上がるとドテェ〜と体を横たえているだけであり、鼻の頭にボールを乗せたり、拍手するように手を叩いたりなどという芸当はとてもできません。

「オットセイのショー」はない!?

「オットセイのショー」というのも、実際は、ほとんどが**アシカ**のメスです。**オットセイ**は暑さに弱く、そのうえ飼育しにくいという難点があり、ショーへの出演は敬遠されます。

オットセイ（膃肭臍）というのは、この動物をアイヌ語で「オンネップ（リーダーの意）」とよんでいたことに由来します。

耳たぶ

体長：
オス…2 m 50 ㎝
メス…1 m 50 ㎝

トド と セイウチ

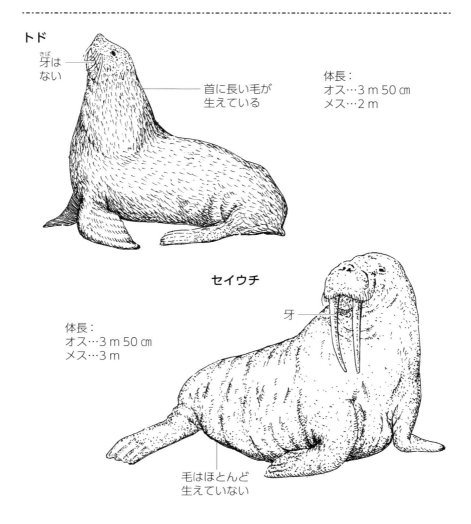

トド

牙は
ない

首に長い毛が
生えている

体長：
オス…3ｍ50㎝
メス…2ｍ

セイウチ

牙

体長：
オス…3ｍ50㎝
メス…3ｍ

毛はほとんど
生えていない

　トドもセイウチも体は厚い脂肪の層におおわれ、ウエストがないばかりか首の部分すらくびれていません。痩身エステのCMにトドやセイウチを登場させ、CGで画像処理してすっかり痩せた姿を見せたらウケると思うのですが。

　両者とも「耳介（耳たぶ）」はありませんが、牙の有無が決め手になります。トドには牙はありませんが、**セイウチ**には長い牙があります。

　トドのオスは体長3m50㎝、体重は1t近くにもなる巨漢です。メスはオスより小型ですが、それでも相撲の力士を上まわる巨体です（体長2m、体重300㎏）。北太平洋の氷の多いところにすんでいますが、冬になると北海道沿岸まで移動してきます。

　トドの英名もsea lionで、成長したオスには首にたてがみ状の長い毛が生えることに由来します。漢字では「海馬」と書きますが、英語で「sea horse」というとタツノオトシゴのことです（これはタツノオトシゴの顔が馬に似ていることが理由）。ちなみに、脳で記憶をつかさどる部位を「海馬」といいますが、これはその形がギリシャ神話のヒッポカンプス（海馬）の前足に似ていることからの命名です。タツノオトシゴに似た形をしているからではありません。

　ところで、魚のボラは成長するにしたがって名前が次々と変わるため、出世魚といわれますが、成長したボラの最後の呼称は「トド」です。「とどのつまり」といった言い回しで使われています。それにしても、ボラが最後はトドになるとは、同名異物とはいえ、ちょっと笑えます。

　セイウチのほうもオスは体長3m50㎝、体重2tにもなり、こちらも巨体です。メスは体長3m、体重は400㎏ほどです。頭は丸く、口元には硬いひげがあり、短い尾があります。皮膚は厚くほとんど無毛で、多数のしわが見られます。**セイウチ**はオス・メスともに上顎の犬歯（糸切り歯）が長く伸びて牙となっており、その長さは80㎝にも達します。そこでこの牙がゾウをイメージさせるということから「海象」と表記されます。しかし厳密にいうと、ゾウの牙は門歯（前歯）が伸びたもので犬歯ではありません（⇒15ページ）。**セイウチ**は海面から流氷へよじのぼるときなどにこの牙を利用します。性質はどう猛で、強力な牙で襲ってきたホッキョクグマ（白熊）とも闘います。

　セイウチは、泳ぐときは後足を上下に動かして進み、前足は動かさず舵取りとして使います（アザラシも同じ泳ぎ方）。陸上では前足で体を支えて腹部をこすりながら歩きます。**セイウチ**という名前は、ロシア語のсивучからです。ただしсивучは、実際は**トド**のことで、昔の人も両者を混同していたことがわかります。

イモリとヤモリ

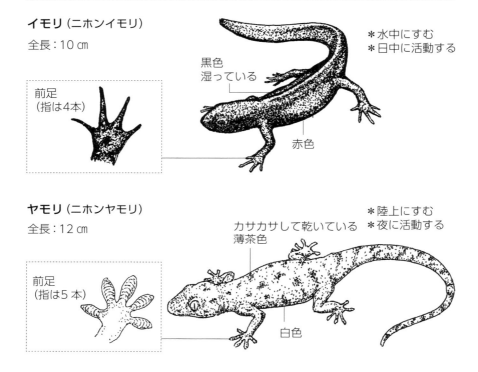

イモリ（ニホンイモリ）

全長：10 ㎝

黒色
湿っている

＊水中にすむ
＊日中に活動する

前足
（指は4本）

赤色

ヤモリ（ニホンヤモリ）

全長：12 ㎝

カサカサして乾いている
薄茶色

＊陸上にすむ
＊夜に活動する

前足
（指は5 本）

白色

　日本にいる**イモリ**や**ヤモリ**のなかで、もっともよく見られるのは**ニホンイモ
リ**と**ニホンヤモリ**です。**ニホンイモリ**は日本の固有種ですが、**ニホンヤモリ**は
日本に限らず、中国や朝鮮半島南部にまで分布しており、もともとあちらにす
んでいたものが、古い時代に人間とともに船で日本列島に渡ってきたと考えら
れています。両者の共通点は外部形態くらいで、よく観察するとちがうことだ
らけです。

　イモリの全長は10 ㎝前後（オスはメスより一般的に小さい）で、背中は黒
いのですが、腹部は真っ赤です。別名「赤腹」とよばれるゆえんです。

　イモリは漢字で書くと「蠑螈」ですが、しばしば「井守」という当て字が使

われます。昔は水をくむ場所「井」を「守」っている動物として崇められ、イ
モリを殺傷することは固く禁じられていました。イモリは水のあるところにす
むことからもわかるように、カエルなどと同じ両生類に属します。北海道を除
く日本各地の池や沼にすんでいます。

　イモリは春から夏にかけて産卵しますが、卵は寒天のようなぬるぬるしたも
のに包まれていて、1個ずつ水草に産みつけられます。卵からふ化した子ども
は、オタマジャクシのような形をしていて、カエルの仲間であることを実感さ
せられます。英名はwater lizard（水生トカゲ）です。体をくねらせて水草の
間を泳いだり、水底を歩いたりします。newtともいいます。

　歯は上下の顎に生えているほか、上顎の奥には「人」の字形をした歯があり
ます。人に嚙みつくことがありますが、指先などを嚙まれた際には、あわてて
ふり離そうとしないで、そのままそっと水の中に入れれば放してくれます。
冬眠するときは陸に上がり、湿った穴の中や石の下に潜りこんで春を待ちます。

　ヤモリは「守宮」と書きます。「宮」は大きな家の意です。「家守」という当
て字からもわかるように「家の守り神」とされ、昔は人家にすみついているあ
りふれた動物でした。英名はhouse lizard（家屋にすむトカゲ）です。単に
lizardともいいます。

　ヤモリはトカゲなどと同じ、は虫類に属します。体長は12㎝前後で、背中
は薄茶色、腹部は白色をしています。近づいてよく見ると、目が大きくてかわ
いい顔をしています。夜、家の壁や街灯の下などにいて、明かりに集まってく
るガなどの昆虫を食べます。

　ヤモリの繁殖は夏で、木の幹や家の壁のすきまなどに2個産卵します。産卵
された卵はすぐに卵殻の表面にある物質の作用で、壁などにぴったりとくっつ
きます。秋が深まると、暖かい人家の天井裏などで冬眠し春を待ちます。

　細かいことですが、イモリの前足の指の数は4本ですが、ヤモリは5本で、
指先には吸盤があり、爪もあります。ヤモリが天井やガラス窓の上を歩けるの
はこのためです。イモリにはこのようなことはできないので、水槽で飼う際に
はふたをしなくても逃げ出しません。

　余談ですが、イモリ（井森）は芸能界にいますが、ヤモリはいません。タモ
リはいます。

トカゲ と カナヘビ

トカゲ（ニホントカゲ）

光沢がある

全長：20 cm

体長の2分の1
くらいの長さの尾

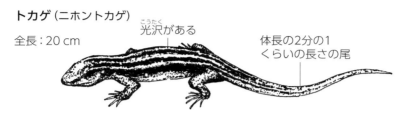

カナヘビ（ニホンカナヘビ）

カサカサしている

体長の3分の2
くらいの長さの尾

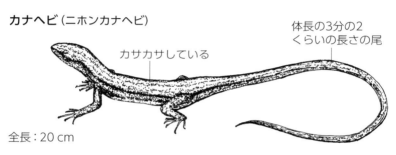

全長：20 cm

　トカゲもカナヘビもトカゲの仲間で、前足よりも後足のほうが長く、敵に出
あってピンチになると「背に腹は変えられぬ」とばかり尾を切ります。切り離
された尾はミミズのようにピクピク動きまわり、敵の目がそちらに向いている
間に逃げおおせます。

　尾には自切面という切れやすいところがあり、この部分で切れると筋肉が縮
んで出血しないようなしくみになっています。切れた尾は何度でも生えかわる
ことができ、だいたい2～3ヵ月で完全に再生されます。再生されるまでの間、
仲間内で尾がないことを指摘されると、頭に手をやって「いや～、もう大変
だったんだから」などと、九死に一生を得た話で盛りあがっているかもしれま
せん。再生された尾には骨がなく、管状の軟骨があるだけです。再度敵に襲わ
れると、前にちぎれたところと同じところからしかちぎれません。

　トカゲ（「蜥蜴」あるいは「石竜子」）は全身が滑らかなうろこでおおわれて
います。若い個体では尾に青を基調とする光沢があり、メタリックな妖しい光

を醸し出しています（このことが気持ち悪がられる原因にもなっているのですが）。

名前は、動きの素早いことから「トカケ（敏駆）」に由来します。

カナヘビは「ヘビ」と名前がついていますが、ヘビではありません。トカゲの仲間です。体の背面は褐色をしていて光沢はなくカサカサしています。体に光沢がなく、尾が長いことから「金気（鉄さび色）のヘビ」ということで「金蛇」と名付けられました。日本固有の種で、林の周辺などの草むらにすみ、石垣の上などでよく見られます。英名はJapanese grass lizard（日本の草トカゲ）です。

両者の全長は同じくらいですが、尾の長さが異なります。**トカゲ**の尾は体長の半分くらいですが、**カナヘビ**は尾が長く体長の３分の２程度を占めています。また、**トカゲ**は地面に腹部をつけて歩きますが、**カナヘビ**は腹部を地面から離して歩きます。細かいことですが、**カナヘビ**は舌の先端がふたつに分かれていますが、**トカゲ**の舌の先端は分かれていません。

ヘビとトカゲのちがいは？

は虫類のなかで足がないものを**ヘビ**、足があるものを**トカゲ**とよんでいるわけではありません。足の有無ではなかったら、いったい何を根拠に両者を区別しているのかというと、形態や生理などをくわしく調べて判断しています。例えば、腹部のうろこの並び方（**トカゲ**の腹のうろこは背中のうろこと同じ大きさ）や、目を閉じることができるかどうか（**ヘビ**は目を閉じることができない）、耳の構造（**ヘビ**には耳の穴自体がない）、胸骨の有無（**ヘビ**にはない）、肺の構造（**ヘビ**には左の肺がない）などです。

また**ヘビ**の尾は切れると再生されませんが、**トカゲ**の尾は再生されます。そういった分類の結果、ヘビでも足のあるビルマニシキヘビ、トカゲでも足のないアシナシトカゲやミミズトカゲがいます。

ところで、**ヘビ**や**トカゲ**で「どこまでが胴体で、どこからが尾なのか？」というと、「肛門」を境に、上を胴、下を尾とよんでいます。

ウミウシ と アメフラシ

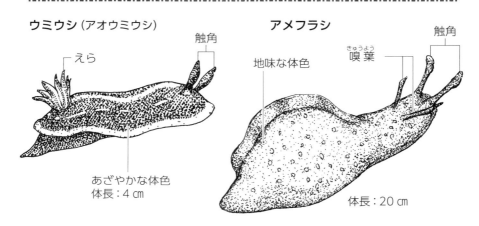

ウミウシ（アオウミウシ）

えら
触角
あざやかな体色
体長：4 cm

アメフラシ

地味な体色
嗅葉（きゅうよう）
触角
体長：20 cm

　海の中にすんでいるカラフルなナメクジ、あるいは巨大なナメクジといった体つきの**ウミウシ**と**アメフラシ**ですが、意外にも貝の仲間です。貝の仲間であることを物語るように、**ウミウシ**は卵からかえったときには殻（から）があります。しかし成長するにつれてなくなってしまいます。**アメフラシ**には成長したあとも薄い貝殻が残っていますが、皮膚の中にあるので外からは見えません。貝殻はやわらかい体を守るための鎧（よろい）で、**ウミウシ**も**アメフラシ**も、ずっと昔は硬い貝殻で体をがっちりとガードしていました。しかし動きやすさのほうを優先させ、鎧（貝殻）を脱いだと考えられています。

　ところで両者のちがいですが、一般的に**ウミウシ**はカラフルなものが多く、「海の宝石」とよばれるほどです。これは**ウミウシ**には毒をもっている種類が多く、カラフルな色で「食べたらアカン」とまわりに警告（アピール）しているのです。それに引きかえ、**アメフラシ**は毒をもっていないので、敵に見つからないように体色は黒っぽく地味で、目立たないような色合いをしています。

　ウミウシは頭にある2本の角（つの）（触角）が牛の角に似ていることから「海（の）牛」と名付けられました。一方、**アメフラシ**には角が4本あるように見えますが、後ろの2本は「嗅葉（きゅうよう）」というにおいを感知する器官です。**アメフラシ**の名前はその性質に由来します。**アメフラシ**を棒などで軽く突くと紫色の

汁を出します。これはタコの墨と同じように、敵の攻撃をかわす煙幕の役目を果たしていると考えられています。「こうだったんじゃないの？」劇場……。

《その昔、夏の海に遊びにきていた悪ガキどもが、潮が引いたあとの潮だまり（タイドプール）に取り残された動物を棒で突くなどのいたずらをして歓声を上げていました。突かれた動物は身の危険を感じて汁を出す。汁は海中で煙のように広がっていきます。そのとき（偶然の一致なのでしょうが）空が一転かき曇り、雨がポツリポツリと落ちてきました。雨粒はやがて数を増し、大粒の雨となって激しく降りはじめました。夕立です。そこで、この得体の知れないいきものはいじめられると怒って"雨を降らせる"ということから「アメフラシ（雨降らし）」と名付けられました。》

ところで、ウミウシやアメフラシはいったい何を食べているのでしょうか。磯の上をゆっくりと這うように移動しながら、ウミウシはカイメンやホヤを、アメフラシは海藻を食べています。つまりウミウシは肉食、アメフラシは草食動物です。ここも両者のちがいです。

両者は冬の間は海の深いところに潜んでいますが、春になると浅い岩礁地帯に集まってきて産卵します。ウミウシの卵のう（卵を包む袋）は種類によって形や色にちがいがあり、「海のリボン」とよばれています。一方、アメフラシの産む卵（卵塊）は細いひも状で、茹でたそうめんに似ているということから「海ぞうめん」とよばれています。そうめんといっても黄色をしたものが多く、その意味では「スパゲティ」あるいは「ラーメン」と名付けたほうがふさわしいように思うのですが。

ちなみに、ウミゾウメンという名前の海藻もいます。こちらも形がそうめんに似ていることからつけられた名前です。生物学者も発想が貧困だなぁ〜。動物園でキリンの名前に「高雄」や「高子」、ゾウに「花子」と名付けるような安直さです。

両者の英名はというと、ウミウシはsea slug（海のナメクジ）で、アメフラシは sea hare（海のウサギ）です。アメフラシの角をウサギの耳に見立てたとのことです。

アメフラシの卵塊「海ぞうめん」

ナメクジ と ヒル

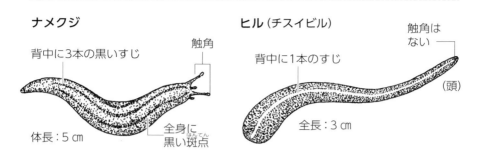

ナメクジ

背中に3本の黒いすじ

触角

体長：5 ㎝

全身に
黒い斑点

ヒル（チスイビル）

触角は
ない

背中に1本のすじ

（頭）

全長：3 ㎝

　ナメクジは、カタツムリが殻からスルッと抜け出てきたように思ってしまうような見た目です。たしかに両者は似ています。それも当然で、ナメクジもカタツムリも二枚貝の仲間で「軟体動物」です。

　それでは**ヒル**はというと、こちらはミミズの仲間で「環形動物」です。動物の分類は体のつくりや発生パターン（最近ではタンパク質の分析やDNA）などを比較してなされますが、ひとことで言うと環形動物（**ヒル**）のほうが軟体動物（**ナメクジ**）より高等な（より進化した）動物です。

　ナメクジには全身に黒色の小さな斑点があります。体の表面は粘液でおおわれており、ぬるぬるしています。ナメクジやカタツムリが這ったあとには銀色のすじが残りますが、あれは粘液のためです。**ナメクジ**の「ナメ（滑）」とはぬるぬるした状態をいい、「クジ」は「蛞」が訛ったものです。頭部には2本の触角があります（正確には4本あるのですが、小さいほうの触角は大きな触角の下にあって隠れたような状態ですので、まぁ2本と思っていいでしょう）。大きなほうの触角の先端には目があります。産卵は初夏に行われ、50個ほどの白色の卵を朽ち木の裏や石の下などに産みつけます。寿命は1年です。山にすむものはヤマナメクジといい、体長10 ㎝以上にもなる巨大なものもいます。

　ナメクジは暗く湿ったところにすんでいます。梅雨どきなどにたまに台所に出没して、流しの三角コーナーの野菜くずなどを食べたりします（舌で舐めるように野菜を食べるので「ナメクジ」と名付けられたとの説もあります）。発見者は「ひぇ～」とけたたましい声を上げて、揚げ句にたっぷりと塩をかける

という仕打ちに出る不届き者がいます。塩をかけると溶けるように見えますが、これは**ナメクジ**の体は非常に水分が多く、その水分が外（塩のほう、つまり体外）へ出ていって体が縮んでしまうからです。溶けるわけではなく、小さくなっているのです。また、砂糖をかけても同じ現象が見られます。何の罪もないナメクジ君は脱水症状を起こして死んでしまいます。

ヒルというと日本各地の水田や池、沼などにすんでいる赤茶色をしたチスイビル（血吸いビル）がもっともポピュラーな種類です。一方、山林にはヤマビルという別の種類のヒルがいて、タヌキやウサギなどの野生動物や人が近くを通るのを待ちぶせ、飛びうつるチャンスを窺っています。

ヒルは体重の4〜5倍もの血液を吸い、血を吸ったあとは体全体が大きくふくれあがります。ヒルには顎が3つあるので噛まれたあとにはY字形の傷が残りますが、血を吸われたからといって病気の心配はありません。

ところで、園芸用の土壌改良剤としてホームセンターなどで販売されているバーミキュライトは「蛭石」を熱して膨張させたものです。熱すると膨張するさまが、血を吸ったヒルのようだというので蛭石と名付けられました。

ヒルという名前は「吸ひる虫」に由来します。漢字では「蛭」と書きますが、「至」にはぴったりとふさがるという意味があります。つまり**ヒル**とは「ぴったりとふさぐようにくっついて（血を）吸う虫」の意です。

ナメクジ同様、**ヒル**に塩や砂糖をかけると、体が縮み、やがて脱水症状を起こして死んでしまいます。

雌雄同体の生きものたち

ウミウシやアメフラシ、またナメクジやヒル、カタツムリなどは雌雄同体です。雌雄同体の生物には、オスとかメスとかの区別はありません。1匹の体にオスの生殖器とメスの生殖器の両方が備わっています。

それでは、相手がいなくても卵を産めるかというと、そんなことはなく、2匹いないと卵は産めません。ただ出あった相手がオス・メスに関係なく、すべて結婚相手（性の対象）となるというものです。交尾したあとどちらが産卵するかというと、お互い精子のやりとりをするので両方とも産卵します。

タニシ と カワニナ

タニシ（マルタニシ）

殻は丸っこい

カワニナ

殻は細長い

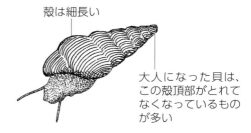

大人になった貝は、この殻頂部がとれてなくなっているものが多い

殻高：6㎝
＊汚れた水にもいる

殻高：3㎝
＊きれいな水にしかいない

　タニシも**カワニナ**も巻貝で、殻の口のところに茶色の薄いふたがあります。両者を外見で比較すると、**タニシ**の殻はややポッチャリ型ですが、**カワニナ**のほうは痩せてキュートな感じです。

　すんでいる場所もちがいます。ドイツの精神医学者クレッチマーが著書『体格と性格』（1921年）で唱えたのと同じで、肥満タイプである**タニシ**は細かいことなどあまり気にしませんが、痩せ型である**カワニナ**は神経質です。**タニシ**は汚れに対して無頓着で、水が濁っているようなところでも見ることができます。そのうえ、小川などのように水が流れているところでも、あるいは水田や小さな池などのように水が流れていないところでも、まったく意に介さずどちらにもすんでいます。その点**カワニナ**は、きれいな水が流れているところでないと満足しません。

　タニシは陸上にすむ巻貝であるカタツムリの仲間ですが、カタツムリの目が触角の先端にあるのに対して、タニシの目は触角のつけ根にあります。また、触角の右側だけくるりと曲がっているのがオスで、オスの右触角は陰茎の働きをします。メスの触角は2本ともまっすぐです。それにしても、陰茎のつけ根に目があるとはふざけています。

　タニシは一般に卵胎生（⇒ミニコラム）で、卵はメスの体内でふ化したあと

かなり育ってから産み出されます。ただし、マルタニシは卵生です。タニシとは「田にすむ螺（巻貝）」という意味です。ちなみに、マメタニシは肝臓ジストマ（肝吸虫）の中間宿主です（図はマルタニシ）。

カワニナは前述したように、水が流れているきれいな川にしかすんでいません。ゲンジボタルの幼虫はカワニナを食べて育つので、ホタルの多く見られるところにはたくさんすんでいます。暖かい季節は川の浅いところにいるのですが、冬になると深いところへ移動します。

ニナ（蜷）のもとの発音は「ミナ」で、「ミ」はシジミなどと同じく肉のことをいいます。これに「ナ（肴）」を添えて食用貝類を表しています。すなわち「肉肴」で、これが転じて「ニナ」になったといわれています。

このように川にすむニナ（カワニナ）は古くより食用とされてきました。しかしその際には十分に煮なければなりません。というのは、カワニナは肺ジストマ（肺吸虫）の中間宿主だからです。さらにカワニナの体内には、横川吸虫の幼虫もすんでいる可能性があります。これらの知識がなかった昔の人は、病気にかなり悩まされたと思われます。

カワニナもタニシと同様に卵胎生です。

卵が母親の胎内でふ化する⁉　卵胎生

卵胎生というのは、受精した卵が体外へ産みつけられることなく、親の体内でふ化するというものです。ふ化したあと、子どもは数日間母体内にとどまり、ある程度育ってから母体を離れます。

人間などの胎児は母親から栄養などを受けとって育つ「胎生」ですが、卵胎生では母体内で卵がふ化するだけで、生まれたあと赤ん坊が母親から栄養などをもらったりするわけではありません。無防備な卵や幼い子どもが補食者に手当たり次第に食べられるのを避けるために、母体内にしばらくの間とどまっているだけです。卵や子どもを守るという役割からすると、昆虫や魚などのように卵を産みっぱなしにする「卵生」より、卵胎生はより優れたしくみに思われます。ちなみに、タニシの名称は「胎螺」（胎生の巻貝）が転じたとの説もあります。

アワビ と トコブシ

アワビ（クロアワビ）

殻長：15 cm

穴の数：3〜5個
穴の周囲が盛り
あがっている

トコブシ

殻長：7 cm

穴の数：7〜9個
穴の周囲は盛り
あがっていない

　アワビもトコブシも皿のような形をした貝殻が特徴です。貝殻が片側だけに
しかないように思いがちですが、両者とも巻貝なので、殻はもとから1枚しか
ありません。アワビは片方の殻を探し求めているということから「磯のアワビ
の片思い」といわれますが、アワビは片思いなんかしていません。しかし昔の
人は二枚貝と思ったようで、アワビという名前の由来も、貝殻どうしが「合わ
ず」が転じたものです。英名はabalone（アバローニ）で、これを分解するとaba（分離や離
脱を表す接頭語）＋lone（ひとりの）です。欧米も発想は同じようです。

　両者とも、幼い頃の殻はタニシやカワニナと同じようにらせん形に巻いてお
り、どこから見ても立派な巻貝です。ところが成長するにつれて殻の口の部分
が急激に成長し、ガバッと異常なほど広がってベタ〜と平たくなってしまい、
ついには皿のような形になります。そしてふちに沿って次々と呼吸するための
穴が開いてきます。穴は成長するにつれて新しくできるのですが、古い穴は自
然にふさがっていくため、それぞれ穴の数はほぼ決まっています。

　アワビの天敵はタコです。アワビはタコの接近を察知すると「怖いよぉ〜」
と力の限りを尽くして岩にしがみつきます。近づいてきたタコは「エヘヘ、そ
んなことをしたって無駄な抵抗だ」と足で穴をふさぎます。するとアワビは呼
吸ができなくなり、「苦っ、苦しいーっ」と、しがみついていた岩から、つい
手（足）を離してしまいます。海底に落ち、ひっくり返ったアワビをタコはペ
ロリと食べます。殻の口が大きく広がったことが仇となって、敵にやすやすと

食べられてしまいます。まさに「口惜しい」とはこのことです。

　アワビの殻の外面は暗褐色ですが、内面はきれいな真珠色をしています。殻には盛りあがった3〜5個の穴があります。深さ数m〜数十mの岩礁地帯にすみ、幅広い腹足で滑るように這って移動しながら海藻類を食べます。ワカメ、コンブ、ホンダワラなど、どの種類の海藻を食べるかによって殻の外面の色が決まります。黒アワビや赤アワビがもっとも身近なものですが、黒や赤というのは腹足の裏の色をさしています。アワビを漢字で書くと「鮑」。魚ではなく貝類なのに魚偏というのもヘン。

　アワビの肉は食用に、殻はボタンや細工物に使われ、特に「螺鈿」は有名です。螺鈿というのは貝殻装飾のことで、日本刀の鞘にほどこした真珠色の光沢などの美しい文様がそれです。細工にならないものは養殖真珠の母貝として利用されます。

　また、アワビの殻の内面は月明かりの下で青く光ります。イタチは光るものを怖がるとのことで、かつては農家などではアワビの殻を鶏舎につるしてイタチの侵入を防ぐのに利用していました。しかし研究の結果、イタチは光るものをまったく怖がることはないことが明らかになっています（都市伝説ならぬ農村伝説）。

　日本で最初にアワビの研究をしたのは、意外にも、明治〜昭和前期の宗教家の内村鑑三です。彼はアワビの卵子を発見し、その発生過程を明らかにしました。『余は如何にしてアワビの研究に着手せり乎』という本は書いていませんが、論文は残っています。

　トコブシ（常節）には褐色の殻の外縁に沿って7〜9個の穴があります。穴のまわりはアワビとちがって盛りあがっていません。すんでいる場所は岩礁地帯ですが、深さ数mくらいの比較的浅いところです。腹足の裏は黄色っぽい色をしています。こちらも肉は食用になります。

　常節というのは、「常（に）伏し」ているものに由来します。のちに「伏」は鰹節などと同じく「節」の字が用いられるようになりました。

　両者とも殻が耳の形に似ているところから、ミミガイ科に属しています。ミミガイ科の貝の殻には小さな穴が開くのが特徴ですが、現代のピアスを先取りしたネーミングといえます。

カメノテ と フジツボ

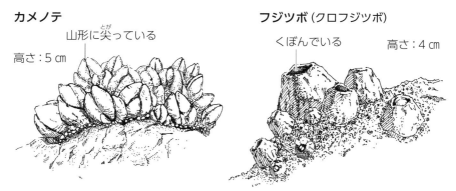

カメノテ
山形に尖っている
高さ：5cm

フジツボ（クロフジツボ）
くぼんでいる
高さ：4cm

※潮が引いたときのようす（陸上での姿）

　カメノテもフジツボも貝の仲間のように思ってしまいますが、じつはエビやカニの仲間で、甲殻類に属します。彼らはふ化して1週間くらいは、まだ殻もできておらず、気ままな浮遊生活を送ります。やがて体から出るセメント状の物質で海岸の岩などの硬いものにくっついて、そこを「終のすみか」としてしまいます。頭で硬いものに付着するので、逆立ちした状態です。そして外側に殻をつくり、体をすっぽりとおおってしまいます。

　彼らはまったく移動せず、食事は殻から手（足?）を出してプランクトンを捕獲します。南米の熱帯雨林にナマケモノという動物がいますが、彼らは動かないのではなく、動きが「鈍い（遅い）」というだけです。その点、カメノテやフジツボのほうが究極の怠け者です。「怠け道」をきわめています。立派です。ちなみに、ナマケグマ（怠け熊。インドなど南アジアにすむ）という名のクマもいますが、こちらは別段怠け者というわけでもなく、ボサボサ毛の外見から名付けられたにすぎません。まさに見かけ倒しで、「怠け者の風上」にも置けません。

　カメノテとフジツボのちがいは、潮が引いて岩などにくっついている姿です。山形に尖っていたらカメノテ、山のてっぺんがくぼんでいたらフジツボです。

　カメノテは文字どおり「（海）亀の手（前足）」に似た形をしていて、潮間帯

（満潮線と干潮線の間の部分）の岩の割れ目などにくっついて生活しています。

　フジツボは漢字では「富士壺」と書き、富士山のような形をした石灰質の殻をつくり、その中に閉じこもって生活します。桟橋や杭、船底などのほか、クジラの皮膚やウミガメの甲羅などにも付着します。カメノテもフジツボも、潮が満ちてくると、殻から触手を出して、海水中のプランクトンなどを捕まえて食べます。

　カメノテやフジツボは雌雄同体（⇒47ページ）です。同じ種類のものどうしが集まって生活しているので、生殖器をひょいと隣に伸ばせば、いとも簡単に交尾ができます。

岩にくっつく貝　カキ

　同じように固着生活をする身近なものとして、カキがいます。カキは二枚貝の仲間で、カメノテやフジツボとはまったく異なる動物です。ふつうの二枚貝は大きな筋肉質の足（腹足）で移動しますが、カキは腹足が退化していて、岩盤など硬いものにくっついています。

　日本で養殖され、もっとも生産量が多いのはマガキ（真ガキ）という種類です。マガキは水温にあまり左右されずに生活することができます。そのため、北は北海道から南は九州に至るまで各地で養殖されています。マガキは魚介類を生で食べる習慣のない欧米でも生食されます。

　カキは「海のミルク」ともよばれるように栄養化が高く、特にカキのタンパク質は必須アミノ酸を含む良質のものといわれています。

　カキは漢字では「牡蠣」と書きますが、「蠣」はゴツゴツした状態をいい、カキの貝殻を表現しています。この一字でいいはずなのに、なぜあえて「牡」という字がついているかというと、カキはオスばかりで牝はいないと考えられていたからです。でも、もちろんメスもいます。カキの性別は区別しにくく、あるときはオスに、あるときはメスになります。タマタマ、オスばかりを採集し、早合点したのかもしれません。

　「カキ」とよぶのは、岩にしっかりとくっついているのを「掻きとる」からです。

カブトエビ と カブトガニ

カブトエビ

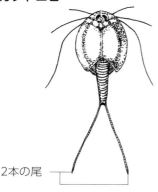

2本の尾

体長：3 ㎝
全長：5 ㎝

＊水田にすんでいる

カブトガニ

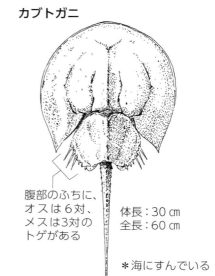

腹部のふちに、
オスは6対、
メスは3対の
トゲがある

体長：30 ㎝
全長：60 ㎝

＊海にすんでいる

1本の尾

　両者とも兜のような形をしているところから名付けられたものですが、名前が似ているだけで、実物を見せられたらまちがいようがありません。大きさが全然ちがいます。さらにすむ場所もまったく異なっています。それでは似ているのは名前だけかというと、まぁそういうことになります。

　強いて共通点を挙げるとすれば、**カブトエビ**はエビの仲間ではないし、**カブトガニ**もカニの仲間ではありません。両者は古生代に栄えた三葉虫から進化した種類と考えられています。発掘された化石から**カブトエビ**は3億年、**カブトガニ**は2億年もの間、ほとんど姿や形を変えずに生きてきたことがわかります。

　このように長い年月にわたってモデルチェンジしないで生きている生物を「生きた化石」とよびます。それでは3億年間ほとんど姿や形を変えずに生きているゴキブリは、生きた化石なのでしょうか？　残念ながらそうはよびません。「生きた化石」という呼称は数の少ないものに限られます。

カブトエビは体長3cmくらいでミジンコ（甲殻類）の一種であり、40対以上もの足があります。甲羅は楕円形で2本の尾が生えています。水たまりや水田にすみ、水温が20℃前後になると、それまで土の中で越冬していた卵（耐久卵）がふ化して活動を始めます。そして夏の終わりに産卵を済ませると死に絶えます。土の中に産みつけられた卵は、翌年の夏までひたすら出番を待ちつづけます。

デパートのペットコーナーなどで、箱に「太古の生きた化石トリオプス」と書かれて売られているのが**カブトエビ**です。箱の中には**カブトエビ**の卵が産みつけられた土、それに餌が入ったビニールの袋があります。水温20℃以上の水槽に土（卵）を入れて1〜2日くらい経つと、卵がふ化して**カブトエビ**が観察されるというものです。しかしわざわざセットになったものを買わなくとも、農薬があまり散布されていない水田では、底を這うように泳いでいる小さなオタマジャクシに似た**カブトエビ**を採集することができます。英名も tadpole shrimp（オタマジャクシエビ）です。

カブトガニは、日本では瀬戸内海や北九州の浅い海にすんでいて、ゴカイや貝などを食べています。生息地のいくつかは史跡名勝天然記念物に指定されています。英名は horseshoe crab（馬蹄ガニ）で、たしかに馬の蹄のような形をしています。成長したものでは全長約60cmにもなります。腹部の両側にはトゲがあり、尾はフェンシングの剣といった形です。甲羅の下に足が6対あり、先端ははさみになっています。目は複眼で、およそ1000個の個眼が集まって構成されています。血液の研究からクモ類に近いことがわかっています。

カブトガニは海の中を泳ぐときは、くるりとひっくり返って（背泳ぎで）泳ぎます。海底の泥の上を歩くときは、背中を上にした状態（通常のポーズ）で歩きます。背泳ぎ状態から海底にたどりついたとき、着地に失敗して裏返しになることがあります。すると長い尾で体を支えて、体操のブリッジをするようにしてそり返って起きあがります。

カブトガニは水温が18℃以上の暖かい時期だけ活動します。それは1年のうち3ヵ月ほどしかありません。あとは何も食べずに海底の泥の中で眠っています。寿命は15年以上と考えられていますが、くわしい生態はいまだに謎に包まれています。

イセエビ と ロブスター

イセエビ

はさみはない

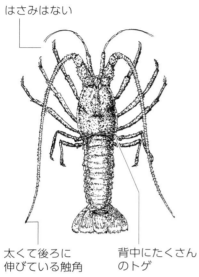

太くて後ろに
伸びている触角

背中にたくさん
のトゲ

体長：35 ㎝

ロブスター（アメリカンロブスター）

細くて前へ
伸びている
触角

大きな
はさみ

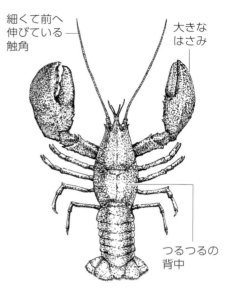

つるつるの
背中

体長：50 ㎝

　イセエビと**ロブスター**もエビの仲間です。エビには5対の歩行用の足とその後方に5対の遊泳用の足がありますが、**イセエビ**も**ロブスター**も泳ぐほうの足は退化しており、海底を歩いて移動します。

　イセエビは太平洋側の暖かい海の岩礁にすんでいます。体長は35 ㎝くらいで、体（殻）は硬くて背中の表面には多くのトゲがあります。英名は spiny lobster（トゲのあるロブスター）です。触角が長く、はさみはありません。触角の内側のつけ根のところにはヤスリのような発音器があり、生簀などからもちあげると「ギィー、ギィー」と摩擦音を出します。

　夜行性で、日中は岩の間や岩の下などに隠れており、ウツボといっしょにいるところがしばしば見られます。といっても、ウツボ君となかよしというわけ

ではなく、ウツボ君はタコが**イセエビ**を食べようと近づいてくるのを待ちかまえているのです。ウツボは**イセエビ**を囮にして好物であるタコにありつこうという魂胆だし、**イセエビ**にとってもウツボは頼もしいボディーガードなのです。ところで**イセエビ**は何を食べているのかというと、貝や魚、カニ、ウニなどで、ときには海藻も食べます。

　イセエビは昔、三重県の鳥羽あたりでとれたものを、伊勢から京都や大阪に送っていたのでこの名がつけられました。江戸へは相模湾でとれたものが鎌倉から送られていたので、同じエビを「カマクラエビ」とよんでいました。体の色は濃い褐色ですが、茹でると赤色になります。

　イセエビは「伊勢」が「威勢」に通じることや、その姿が腰を曲げたひげの長い老人に見立てられて、「長寿のシンボル」とされています。また、その姿の豪華さから正月の松飾りの「飾りエビ」をはじめ、高級食材として結婚式や祝い事の食膳には欠かせない存在となっています（**イセエビ**にとってはいい迷惑です。しかも勝手に長寿と決めつけていますが、実際の寿命は25〜30年なので、人間から見ればけっして長寿とはいえません）。

　ロブスター（アメリカンロブスター）は体長50㎝ほどの大型のエビで、北米大西洋側の冷たい海にすんでいます。したがって欧米にはいますが、アジアにはいません。体の色はくすんだ青緑色をしていますが、茹でると赤色になります。夜行性で、昼は海底の泥の下や岩の間に潜み、夜になると這い出てきて2本の大きなはさみを使って貝やゴカイを食べます。

　エビには「蝦」と「海老」というふたつの漢字が用いられますが、体長5㎝くらいまでの小さくて遊泳するエビを「蝦」、体が大きくて水底を歩くエビを「海老」と書きわけています。**サクラエビ**や**クルマエビ**などは「蝦」で、**イセエビ**や**ロブスター**は「海老」です。どちらにせよ、あらゆるエビには長い触角（ひげ）があります。エビの語源は「柄鬢（柄のある長いひげ）」に由来します。

　英語では大きなエビをlobster、小さなエビをshrimp、この中間のサイズのもの（クルマエビなど）をprawnといいます。ですから前述したように、イセエビも「ロブスター」とよばれます。

イカの墨とタコの墨ってどうちがうの?

　イカもタコも危険が迫ると墨を吐きますが、両者の墨の性質は大きく異なっています。

　イカの墨はねばりけのある物質を含んでいるので、すぐに固まってしまいます。敵が近づいてくると、イカはポッ、ポッといくつもの墨を吐きます。敵にしてみれば、1匹のイカを追っていたはずなのに、突然目の前に現れた複数の黒い物体（イカ）に面食らい、頭がパニック。手当たり次第に黒い物体に襲いかかっては、「ン？　これではない」「ン？　こっちでもない」と歯ぎしりする敵を尻目に、イカはまんまと逃げおおせます。まさに「分身の術」といったところです。

　一方、タコの墨はねばりけが少なく、さらさらしていて海中で勢いよく広がります。急にあたり一面が真っ暗闇になり、敵にとっては突然停電が起きたような状態で、何が何だかわからなくなってとまどっている間にタコはドロンします（「ドロン」は「姿を消す」の意で、宴席などで中座する場合、50年ほど前は「それでは私はここらでドロンします」などと言って立ち上がっていました。現在では完全に死語になりました）。

　イカ墨のスパゲティはありますが、タコ墨のスパゲティはありません。ねばりけの有無が両者を分けました（ここで再び古い言葉を使ってしまいました。スパゲティではなく最近は「パスタ」というのですね）。

　タコやイカの墨を墨汁がわりとして字を書くことはできますが、真っ黒な字を書くことはできません。どうなるかというと、茶褐色になります。タコやイカの墨はメラニン色素であり、メラニン色素はタンパク質なので時間が経つと腐敗します。そのため長持ちしません。

　「いかさま」という言葉がありますが、これはイカの墨で書いた証文が数年経つと消えてしまうことから、「イカ墨」が訛ったものです。

メダカ と カダヤシ

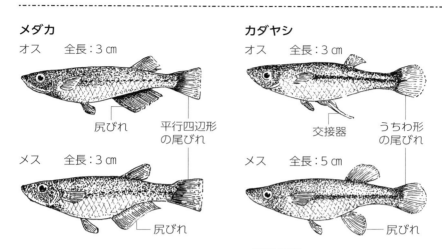

メダカ
オス　　全長：3㎝
　　尻びれ　　平行四辺形
　　　　　　　の尾びれ

メス　　全長：3㎝
　　　　└尻びれ

カダヤシ
オス　　全長：3㎝
　　交接器　　うちわ形
　　　　　　　の尾びれ

メス　　全長：5㎝
　　　　└尻びれ

　メダカ（目高）は日本でいちばん小さな脊椎動物（背骨のある動物）で、北海道を除く水田や用水路、それにつながる小川などの流れのゆるやかなところに小さな群れをつくって生息しています。メダカは水田とは切っても切れない関係にあり、学名は *Oryzias* で、これはイネの学名 *Oryza* に由来します。英名は medakafish です。

　カダヤシは北アメリカ原産で、「蚊絶やし（英名は mosquitofish）」という名が示すように、ボウフラ退治のホープとして世界各地に移入されました。日本には1916年に台湾から奈良県へはじめてもちこまれ、川や池などへ放流されました。その後続々と輸入されては各地に放流され、それらの子孫が現在野生化しています。

　カダヤシのオスの尻びれは細長く、交接器となっています。メスは尻びれもうちわ形です。卵は母体の中で受精し、稚魚となって生まれます（卵胎生⇒49ページ）。カダヤシは水の汚染にも強いうえにケンカも強く、同じ水槽にメダカとカダヤシを入れると、メダカはカダヤシに尾びれを食いちぎられるなどして逃げまわります。

　自然界では、いまや「メダカの学校」も廃校の危機に直面しています。

フナ と コイ

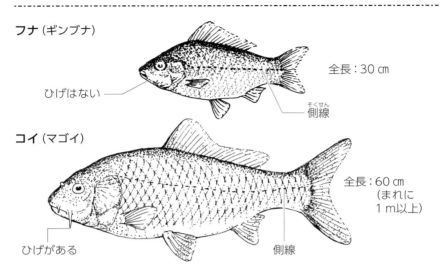

フナ（ギンブナ）

ひげはない

全長：30 ㎝

側線

コイ（マゴイ）

ひげがある

側線

全長：60 ㎝
（まれに
1 m以上）

　フナもコイもコイ科の魚で、各地の池や川にすんでいます。釣りの対象とされ、食用にもなっています。コイ科の魚の特徴として、口が小さく、咽頭歯といって歯は口のところにはなく、のどのところにあります。

　両者のちがう点は、まずフナには口ひげがありませんが、コイには2対の長短の口ひげがあります。フナはコイと異なり体型は扁平です。また、側線のうろこの数はフナは27個ですが、コイでは33〜38個です。「六六魚」と書いてコイと読ませるのは、うろこの数が6×6＝36枚ということからです。

　フナのなかで、日本でもっともよく見られるのは、体が銀色をしたギンブナです。別名マブナ（真鮒）ともいわれます。文部省唱歌「故郷」で♪小ブナ釣りし、かの川♪と歌われているのがギンブナ（マブナ）です。

　ギンブナは全長30 ㎝ほどで、流れのゆるやかなところにすみ、泥のある底を好みます。温水性の魚なので冬は泥の中に体を潜りこませて越冬します。そして春の産卵期になると、大群をなして浅い小川や水田に移動します。

　ところで不思議なことに、日本にはギンブナのオスはほとんどいません。メスにとってこれは深刻な問題で、オスを探せども、とにかくいないのです。そ

こで♪困っちゃうナ〜♪（これで筆者の年齢がわかる）と途方に暮れた揚げ句、「この際、ほかの種類のオスでもいいか」と、あろうことか近くを泳いでいるウグイやタナゴなどのオスを交尾に誘います。誘われたほうもいいかげんなもので「据え膳食わぬは」とばかり交尾に応じます。彼らの精子によって**ギンブナ**のメスの排出した卵に刺激が与えられることで発生が始まります。もちろん卵の中にこれらの（種類のちがう）魚の精子が入ることはなく、産み出された卵が発生を始めるための刺激としてだけ利用されます。だから**ギンブナ**の子どもは母親（メス）の完全なクローンです。当然のことながら、生まれてくる子どももすべてメスです。

　ちなみに、ヘラブナ釣りとして親しまれているのは**ゲンゴロウブナ**で、ギンブナに似た色をしていますが、体高（⇒10ページ）が高いのが特徴です。ゲンゴロウブナは雌雄がほぼ同数で子どもがクローンなんてことはありません。

　フナという名前は、水中に伏し隠れるナ（魚の古名）「伏魚」に由来します。漢字の「鮒」は、互いにくっついて群れ泳ぐ習性からです。「鮒侍（世間知らずの武士をののしっていう言葉）」のように、フナはどちらかというとあまりいい意味では使われません。

　コイは、「鯉」という字からわかるように、里に近い川にいる魚です。マゴイ（真鯉）は全長が60㎝ほどで、ときには1ｍになるものがいます。まさに「川魚の王」としての風格十分です。繁殖期にはオスには追星（えらぶたやひれなどに現れる白色の小さな突起）が出現します。雑食性で性質はおとなしく寿命も長いので、池などで観賞用として飼われています。筆者の庭の池にもニシキゴイ（錦鯉）がいますが、猫をひざの上にのせて縁側から見るニシキゴイのゆったりとした泳ぐ姿は、見飽きることがありません。

　コイは、「鯉の滝のぼり」（コイは黄河上流にある龍門の滝をのぼると龍になる）との言い伝えから、出世魚として「鯉幟」となって尊ばれています。しかしいくら何でも滝をのぼるというのはちょっとオーバーです。池や川で20〜30㎝くらいジャンプするのが関の山です。

　コイの名前の由来にはふたつの説があります。オスとメスが「恋」して離れずいつも寄り添って泳ぐからというロマンチックなものと、体が「肥え」ているからという超リアルなものと。

ドジョウ と ナマズ

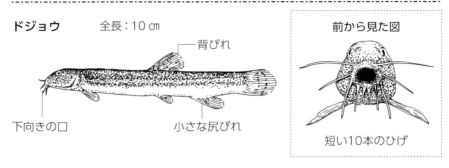

ドジョウ　　　　全長：10㎝

背びれ

下向きの口　　　　　　　小さな尻びれ

前から見た図

短い10本のひげ

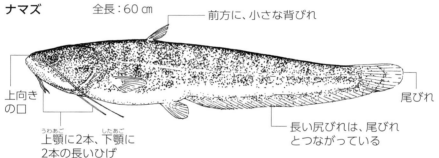

ナマズ　　　　全長：60㎝　　　　前方に、小さな背びれ

上向き
の口

上顎に2本、下顎に
2本の長いひげ

尾びれ

長い尻びれは、尾びれ
とつながっている

　いきなり「ドジョウとナマズの絵をかいてください」と言われると意外と難しいものです。

　ドジョウは水温が高く、底が泥質のところにすんでいます。うろこは小さく体はぬるぬるしていますが、これは泥や砂底に潜る性質に適しています。危険が迫ると泥の中に潜って身を守ったり、冬には水底の泥土の中に潜りこんで寒さをしのいだりするのにも便利です。こういう性質から、**ドジョウ**は「泥土から生まれる」と昔は信じられていました。それで「土生」という名前がつけられました。

　ドジョウの口は下向きで、そのまわりに5対（10本）のひげがあります。ひげのある魚のほとんどは、底が泥や砂のところにすんでいます。これは泥や砂の中にいる餌を探しあてるのに、ひげの触覚を使うからです。

ドジョウを水槽やバケツに入れると、水面から水底まで上下運動をくり返します。その際、水面から口を出し直接空気を吸いこみ、腸で酸素を吸収します。そして残りの空気を肛門から気泡として外へ出すという「腸呼吸」をします。腸呼吸のほか、えら呼吸や皮膚呼吸もできるので、水の外でもかなり長時間生きることができます。ドジョウがすむ泥水には酸素が少ないので、このような呼吸法ができるように進化したのでしょう。それにしても腸呼吸、すなわち吸いこんだ空気をまたたく間に肛門から出すとはお見事です。人間にはこんなことはできません。タバコを吸って悠然と肛門から煙を出している人を見たことがありません（見たいとも思いませんが）。

ドジョウ（泥鰌）の「酋」は、「非常に強健で素早く動きまわる」の意で、ドジョウが上下に元気よく動きまわるようすからです。

アクリル製樹脂の長い円柱形の水槽を縦にセットして、ドジョウが何mくらい上下移動するかを確かめたいと思っていますが、いまだに実現していません。3〜5m、あるいはそれ以上の距離を一直線に上下に移動するドジョウを見るのはさぞ壮観だろうなと、想像するとワクワクします。

ドジョウは人工採卵ができるので養殖の対象になっています。ドジョウ料理といえば「柳川鍋」ですが、これは天保年間に江戸日本橋横山町の『柳川屋』という店が始めたことに由来するといわれています。

ナマズという名前の由来は、うろこがなく体が滑らかな（特に頭がぬるっとしている）ので「滑らかなズ（頭）」からです。英名はcatfish（猫魚）といいます。ナマズには4本の立派なひげがあり、このひげとネコのひげが似ているところからです。たしかに上顎に2本、下顎に2本（ただし幼魚の間は下顎にもう2本あり、合計6本）あります。もっとも「ひげ」といっても、魚には毛が生えていないので、実際はあれはひげではなく皮膚の一部です。

ナマズは「地震を起こす」という言い伝えがあるかと思えば、「地震を予知する」能力があるともいわれます。真偽のほどはさておき、地震と関係深いとされる魚です。

ドジョウは、仮名書きで「どぜう」と書かれることがありますが、歴史的仮名づかいでは「どぢゃう」と書くのが正しいようです。縁起をかついで4文字を嫌ったといいます。ナマズも「ナマヅ」と書くのが正しいようです。

サケ と マス

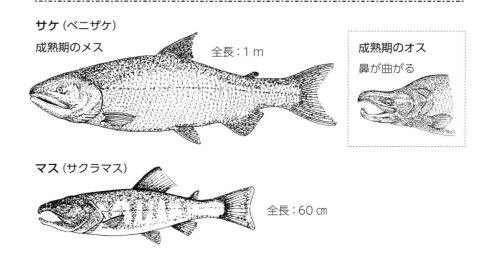

サケ (ベニザケ)
成熟期のメス　　全長：1 m

成熟期のオス
鼻が曲がる

マス (サクラマス)
全長：60 ㎝

　サケも**マス**もサケ科に属し、成熟して産卵すると死に、生涯に1回しか産卵しません。サケ科の魚の特徴として、舌にも歯が生えています。

　寒い地方の川には栄養分が少ないため、豊富な栄養分を求めて海に下って成長する魚が数多くいます。川でふ化した**サケ**や**マス**の稚魚は、**サケ**はしばらくして、**マス**は1年くらいすると海へ出ていきます。そして産卵のために春や秋に遡上します。

　サケは海で4～5年を経て成熟すると、秋から冬にかけて産卵のために自分の生まれ故郷を目指して川を遡ります（**サケ**の卵は淡水中でしかふ化できません）。遡上中の**サケ**の先端部は曲がってきます。これを「サケの鼻曲がり」といいます。**サケ**の学名の*Oncorhynchus*は「鉤鼻」の意です。しかし実際には鼻が曲がるのではなく、曲がるのは上顎です。しかもオスだけに見られる現象です。

　サケは「白身魚」に分類されます。**サケ**の身が赤いのは餌である甲殻類（エビやカニなど）のアスタキサンチンという色素のためで、本来は白身なのです。

　サケという名前は、その肉片が箸などで簡単に「裂け」ることに由来します。

また漢字「鮭」の本来の字は「鮏」で、「生臭い魚」という意味です（生臭くない魚っているのでしょうか?）。ちなみに、語源として同じような疑問を抱くのが人体の部位の「こめかみ」という名称です。「コメを嚙むときに動く部位」だからとのことですが、動くのはコメを嚙むときに限らないのでは?

　サケの卵巣を一腹丸ごと塩漬けにしたものを「すじこ」とよび、1粒ずつにばらして甘塩にしたものを「いくら」とよんでいます。すじこは日本語ですが、いくらはロシア語（икра　卵の意）です。

　マス（サクラマス）は1年ほど川で育ち、海には1年しかいません。成熟して、生まれた川へ帰ってくるのが4月頃、すなわち桜の季節であることから「サクラマス」と名付けられました。マスにはサケのような鼻曲がりといった現象は見られません。また遡上期が個体によりまちまちで、遡上後も小魚などを食べながら上流域まで達します。

　サクラマスは、マスの仲間にしては脂肪分が多く美味です。富山の「ます寿司」はサクラマスを使用したものです。マスという名前は、味がサケより「勝る」ということからです。

　両者のちがいとしては、サケは全長1mほどになりますが、マスは60cm以上には成長しません。またサケのほうがえらが長く、うろこも大きいなどのちがいがあります。

ヤマメはサクラマス!?

　サクラマスのメスは川を下って海へ行きますが、オスはそのまま川にとどまります。川にとどまったもの（つまりサクラマスのオス）をヤマメとよんでいます。オスばかりなので「男やもめ」が訛って、ヤマメとよばれるようになりました。オスは海の豊富な栄養分で育ったメスにくらべて体が小さく、全長は30cmと小ぶりです。体の色も異なっていて、側線上に「パーマーク」とよばれる小判形の斑紋があるのが特徴です。

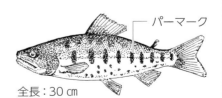

パーマーク

全長：30cm

カレイ と ヒラメ

カレイ（マガレイ）

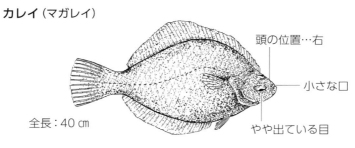

頭の位置…右

小さな口

やや出ている目

全長：40 ㎝

ヒラメ

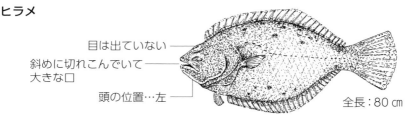

目は出ていない

斜めに切れこんでいて
大きな口

頭の位置…左

全長：80 ㎝

　カレイもヒラメもカレイ科の魚で、平べったい体をしています。そして体の
片側を海底につけて横になっています。腹側には色素がなく（白い色をしてい
ます）、うろこもありません。背びれや腹びれが大きく、目の位置もふつうの
魚とちがって片側に寄っています。泳ぐときもこのままフワッともちあがり、
横になった状態で泳ぎます。横着者とはこのことです。

　生まれながらこの体型かというと、そうではありません。両者とも仔魚（卵
からふ化したばかりの魚）のときには、体は平べったいものの、目はほかの魚
と同じように左右にちゃんとついており、泳ぎ方もふつうの魚と変わりません。

　ところが、体の長さが1㎝ほどになる頃、片方の目が移動しはじめ、それに
つられるように口もいっしょになって移動します。目が移動しなければ海底側
にある目は役に立たないし、口も移動しなかったら食べにくくて不便です。そ
の点うまくできています。ヒラメでは右目が少しずつ左目に、カレイでは左目
が少しずつ右目に近づいていきます。

　カレイは水深30ｍほどの砂地の海底にすみ、目立たないように周囲の色や

模様にあわせて体の色を変えて、敵の目をごまかしています。そして砂地の海底にうずくまり、砂をかぶって姿を隠し、餌の小さなエビやカニなどが近くを通ると、いきなり襲いかかってガブリ。

名前は「カタワレ魚（片方だけの魚）」が転訛してカレイとなりました。漢字では「鰈」と書きますが、「枼」は薄っぺらいという意味です。植物の「葉」も同様の意味です。

ヒラメは全長80㎝にもなり、イワシやアジなどを食べるため口は大きく、鋭い歯が特徴です。「タイかヒラメかホウボウか」といわれるほど美味で、タイに次ぐ高級魚にランクされています。背びれと尻びれのつけ根にある柱状の肉は「縁側」として寿司だねになっています。ヒラメの名前の由来は「平（たい体に）目（がふたつ並んでいる）」からです。

両者のちがいは、体の黒ずんだ側を背びれが上になるように置いたときの、頭の位置です。「左ヒラメに、右カレイ」といわれます（日本近海にすむものではだいたい該当します）。また、「大口ヒラメに小口カレイ」ともいわれるように、口を見くらべてみるとヒラメの口は斜めに切れこんでいて大きいのですが、カレイの口はおちょぼ口のように丸くて小さいのが特徴です。

カレイの仲間　オヒョウ

カレイとヒラメに似た魚として、オヒョウ（大鮃）がいます。たしかに、口が大きくヒラメに似ています。しかし目は右側にありカレイと同じです。尾びれはカレイやヒラメとちがっていて半月形をしています。

分類学的には、オヒョウはカレイの仲間とされています。ふつう全長は１ｍ前後ですが、なかには２ｍにもなるものもいます。ただし、大きくなるのはメスのほうです。オヒョウも非常に美味です。また、肝臓にはビタミンＡが豊富で肝油の材料とされます。

ヒラメやカレイは日本近海に南北を問わず広く生息していますが、オヒョウは北海道沿岸に生息しています。オヒョウという名前は「大型の平目」の意です。

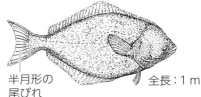

半月形の
尾びれ

全長：１ｍ

ウナギ と アナゴ

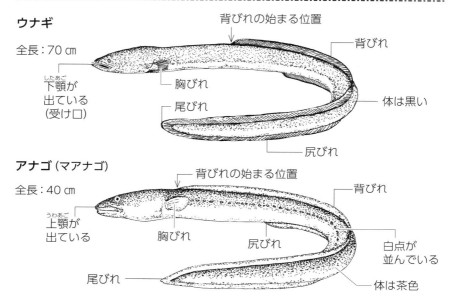

ウナギ

全長：70 ㎝

背びれの始まる位置

背びれ

下顎が出ている（受け口）

胸びれ

体は黒い

尾びれ

尻びれ

アナゴ（マアナゴ）

全長：40 ㎝

背びれの始まる位置

背びれ

上顎が出ている

胸びれ

尻びれ

白点が並んでいる

尾びれ

体は茶色

　両者とも体が細く、うろこは皮膚の下に埋もれていて、皮膚の表面は粘液によってぬるぬるしています。腹びれはなく、背びれ・尻びれ・尾びれは互いにつながっています。昼間は水底の砂泥の中や、岩と岩の狭い間などに潜んでいて、夜になると活動を始める夜行性の魚です。**ウナギ**は淡水にもすみますが、**アナゴ**は一生を海で過ごします。

　ウナギは回遊魚で、7〜8年淡水にすんだのち、産卵のために海へ下ります。産卵場所は長年謎とされてきましたが、2005年に、マリアナ海域付近であることが突きとめられました。**ウナギ**は産卵を終えると死ぬと考えられています。ふ化した稚魚は海流に流されながら成長し、約1年かかって川を遡るために河口付近にたどりつきます。

　養殖ウナギは、この爪楊枝ほどの大きさの稚魚（この頃はまだ色素ができておらず体は半透明で「シラスウナギ」とよばれます）をとって、養殖池で育てたものです。近年シラスウナギの価格の高騰に伴い、鰻重の値段はまさに「う

なぎのぼり」といった状態です。

　もっとも一般的な**マアナゴ**（真穴子）の場合、メスは成長すると全長1m以上にもなりますが、オスはせいぜい40㎝程度にしかなりません。**ウナギ**の体には模様はありませんが、**アナゴ**は側線に沿って白点が並んでいます。白点が等間隔なことから別名「秤目」ともよばれます。

　ウナギはのらりくらり（漫然）としている格好から「鰻」の字が当てられました。**ウナギ**という名称は「ムナギ」が訛ったもので、「ム」は「身」を表し、「ナギ」は「長」が転じたものです。**アナゴ**の「ナゴ」も同系です。**アナゴ**は「穴子」という漢字が示すとおり、昼は海底の砂地に穴を掘って顔だけ出して隠れています。名前の由来は「穴籠り」が転訛したとの説もあります。

　ウナギや**アナゴ**は、血液の中にイクチオトキシンという神経毒が含まれているので、生食されません（イクチオトキシンは熱に弱い）。**ウナギ**は蒲焼として食べられます。昔はウナギをぶつ切りにして、竹串を縦に突き刺して焼いていました。その形が「蒲の穂」に似ているところから「蒲焼」といわれるようになりました。

　ちなみに、蒲鉾も摺りつぶした魚肉を棒に巻きつけていて、その形が「蒲の穂」に似ていることからの命名です。**アナゴ**のほうは蒸したものを寿司だねとして、あるいは天ぷらとして食べられます。

背びれの位置で見分けられる！　ハモ

　ウナギやアナゴに似た魚として、**ハモ**がいます。背びれが胸びれの前から始まるのが特徴です。英名はsharp-toothed eel（鋭い歯をもつウナギ）で、名前のとおり口が大きく鋭い歯で噛みつきます。噛むことを古語で「はむ」といいますが、和名はこれに由来します。

　漢字で「鱧」と書くのは、**ハモ**の料理法が酢物、天ぷら、ハモちり、ハモ落とし、ハモ寿司、付け焼き、吸い物などバラエティー「豊か」であることからです。

背びれの始まる位置
（胸びれよりも前）

背びれ

大きな口（目の後ろまで裂けている）

胸びれ

全長：1m

マグロ と カツオ

魚

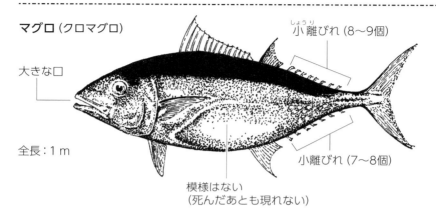

マグロ（クロマグロ）

大きな口

全長：1 m

小離びれ（8〜9個）

小離びれ（7〜8個）

模様はない
（死んだあとも現れない）

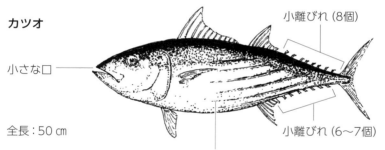

カツオ

小さな口

全長：50 ㎝

小離びれ（8個）

小離びれ（6〜7個）

濃い青色の縦じま模様がある
（死んだあとにはっきりと現れる）

　マグロとカツオは体の形は似ていますが、大きさがまったくちがいます。カツオはマグロの半分以下です。カツオには体側から腹にかけて、数本のあざやかな濃い青色の縦じまがあります。これは死んだあとに濃くはっきりと現れます。図を見て「縦じま？」と疑問に思われるかもしれませんが、縦じまか横じまかは、魚の頭を上にした状態で決まります。

　両者とも「海のF1レーサー」とよばれるほど猛スピードで海面に近いところを泳ぎつづけます。その際スピードアップをはかるために、背びれ、胸びれ、尻びれを溝の中にたたみこみ、銃弾のような形になって尾びれで舵をとりなが

ら海中を疾走（疾泳?）します。最高時速は160㎞を超えますが、これは水の抵抗を考えれば驚異的な速さです。

　日本近海で見られる**マグロ**は5種類で、そのなかでいちばん大きいのは**クロマグロ**（ホンマグロ）です。個体によっては体長3ｍ、体重は300㎏に達するものもありますが、ふつうは1ｍ、40㎏前後です。**マグロ**という名前は、釣りあげたあと、冷やさずにおくと「真っ黒」になることに由来します。そのため、漁獲した**マグロ**はすぐに－60℃で冷凍されます。

　マグロは自力でえらを動かすことができません。そのため、海水中を口を開けて高速で泳いで、海水がえらを通るときに酸素を取りこんでいます。泳ぎを止めるとえらが閉まったままで海水中の酸素が入ってこないことになるので、一生泳ぎつづけることを余儀なくされています。**マグロ**は群れをなして広い範囲を回遊して、餌であるイワシなどを追いかけます。

　カツオもマグロと同様、泳ぎつづけていないと死んでしまいます。体長は約1ｍ、体重は25㎏に達するものもありますが、漁獲されるものはふつう50㎝、15㎏前後です。「目には青葉山時鳥初松魚」（山口素堂、江戸前〜中期の俳人）と詠われる**カツオ**は、初夏から夏が旬で、刺身やたたきとして生食されるほか、照り焼き、煮つけ、生利節として食用にされます。また鰹節となって調味料としても利用されるし、内臓からつくられる塩辛も珍重されます。**カツオ**は漢字では「鰹」と書きますが、昔はこの魚を生では食べず干して「堅く」なったものを食用としていたからで、「堅魚」が転じて「カツオ」とよばれるようになりました。名前の「カツ」が「勝つ」につながることもあって、語感からも好まれています。学名の*Katsuwonus*は日本名に由来します。

　マグロも**カツオ**も世界中の暖かい海にすんでいて、日本海にはほとんど入りません。「夏はカツオに、冬マグロ」といわれます。これは、それぞれの旬を挙げたものです。

　また、両者ともツナ缶の原料になり、日本ではマグロを使ったものが一般的ですが、欧米では「ツナ」といえばカツオを指します。

　先述したように、**カツオ**は出汁（調味料）として利用されますが、**マグロ**はそういうことはありません。旨味物質のイノシン酸の有無が両者を分けました。

シシャモ と カペリン

シシャモ
全長：16 ㎝

大きくて目立つうろこ

カペリン
全長：16 ㎝

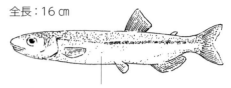

小さくて目立たないうろこ

「シシャモは知っているけど、カペリンって？」と訝しがるかもしれませんが、私たちがふつう**シシャモ**だと思って食べているのは、じつは capelin（カラフトシシャモ）というべつの魚である場合がほとんどです。**シシャモ**と**カペリン**は外見はそっくりですが、それぞれ分類学上の「属」が異なり、他人の空似でしかありません。

シシャモの体色はべっ甲色をしていて、うろこが大きくてはっきりしていますが、**カペリン**は銀白色で、うろこは非常に小さいといったところがもっとも見分けやすいポイントです。しかし、一般に干物となって販売されているので、両者を識別するのは難しいのが実情です。

シシャモは北海道の太平洋岸にすむ日本の固有種です。秋になると産卵のために群れで川を遡ります。しかし漁獲高は年々減少の一途をたどっていて、それにともなって値段がはねあがり、とても庶民には手が出ない高級魚（！）となっています。そこに目をつけたのが英語にもなっている「ショーシャ（商社）」です。

ノルウェーやカナダから**カペリン**を輸入し、これを「シシャモ」とラベルして流通させています。市場に出まわっている**シシャモ**の9割以上は、真のシシャモではありません。このことは従来より知られており、黙認されていましたが、食品の表示については厳しくなってきているので、居酒屋などのメニューから「シシャモ」が姿を消し、かわって「カペリン（カラフトシシャモ）」が登場する日も近いかもしれません。

シシャモは体が細く、名前の由来はアイヌ語の「シュシュハム（柳の葉）」からです。漢字の「柳葉魚」は当て字です。**カペリン**は英名です。

ところで、「子持ちシシャモ」というくらいで、オスの**シシャモ**は見当たりませんが、もちろんちゃんとオスもいます。オスは商品価値がないということで、ペットフードの材料などになっています。

なんちゃってタイ

私たちが店頭でよく見かける**アコウダイ**や**キンメダイ**、**イシダイ**、**アマダイ**などは、じつはタイではありません。このようにタイ（鯛）でもないのに、タイの名をもつ魚は、300種類以上もあります。なんと日本産魚類の1割にものぼるというから名前の乱発です。本物のタイ科の魚は、**マダイ**（真鯛）、**チダイ**、**キダイ**、**クロダイ**など13種類しかいません。

このうち**キチヌ**や**ナンヨウチヌ**など、名前に「タイ」とつかないタイが5種類います。ちなみに、チヌはタイの古名で、関西でのよび方です。大阪湾一帯（茅渟海）に由来します。

タイと名のつく魚がやたらと多いのは、高級魚のイメージをいだかせる効果をねらってのことだと思われます。姿やひれがタイに似ていれば「○○ダイ」、赤い色をしていれば「○○ダイ」と片っ端から名前をつけたと考えられます。揚げ句に**イズミダイ**（魚屋でふつうに売られています）はアフリカ原産の淡水魚という有様です。これなどはまだいいほうで、**シミズダイ**にいたってはナマズの一種です。いずれも肉質・味ともにタイに近いということですが、「なんちゃってタイ」もここまでくると笑ってしまいます。なお、熱帯魚の**エンゼルフィッシュ**の和名は「**キンチャクダイ**」です。

タイ（真鯛）は、「人は武士、柱は檜の木、魚は鯛」といわれ、色、形、味の三拍子そろった「海魚の王」と称されています。さらに「めでたい」の語呂合わせから縁起のよい魚とされ、祝いの宴には欠かせない魚です。しかし名前の由来は驚くほど素っ気なく、「平らな魚」からです。魚偏に周（鯛）と書くのは、かつては日本中「周く」どこにでもいたことによります。

トビハゼ と ムツゴロウ

トビハゼ

全長：10㎝

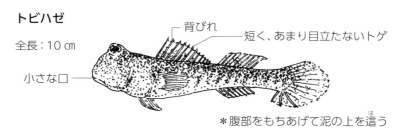

背びれ
短く、あまり目立たないトゲ
小さな口

＊腹部をもちあげて泥の上を這う

ムツゴロウ

全長：20㎝

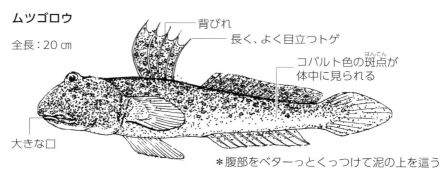

背びれ
長く、よく目立つトゲ
コバルト色の斑点が
体中に見られる
大きな口

＊腹部をベターっとくっつけて泥の上を這う

　両者ともハゼ科の魚で、胸びれと尾びれを使って干潟の泥の上を這ったりジャンプしたりします。彼らはえらのところに湿気を蓄えることができるので、空気中でも呼吸ができます。そのうえ皮膚呼吸もします。

　泥の上を這うとき、**トビハゼ**は腹部をややもちあげて接地面を少なくすることで軽快に動くのにくらべ、**ムツゴロウ**は腹部を泥にくっつけて、体を引きずるようにして這います。

　ムツゴロウのほうが**トビハゼ**より体が大きく、長時間陸上にとどまることができます。**トビハゼ**はゴカイやカニなどを食べる肉食ですが、**ムツゴロウ**は藻類（珪藻）を食べるベジタリアンです。

　トビハゼ（跳び鯊）は本州中部以南から熱帯地方にかけてすんでいます。胸びれを使って干潟の泥の上を這ったり、三段跳びのようにピョンピョン跳びまわったりします。ハゼは「跳ねる魚」の意です。英名の goggle-eyed goby

（ギョロ目のハゼ）の名にたがわず、頭の上に突き出た目を左右別々に動かしてあたりを見張り、人が近づくと水のほうへ逃げていきます。その際すぐに水中へは入らず、水面を跳ねながらより遠くへ逃げてから、水中にポチョンとダイブします。干潟に穴を掘って産卵し、冬はそこにこもって寒さをしのぎます。

ムツゴロウは、日本では九州の有明海（ありあけかい）と八代海（やつしろかい）だけにすんでいますが、韓国や中国本土にもすんでいます。トビハゼと同じように頭上に突き出た大きな目が特徴で、何ともユーモラスな顔をしています。干潮時に干潟を長時間這いまわり、口を左右に振りながら泥の表面に生えている珪藻を食べます。口には細かい歯が密生しており、珪藻を掻きとるのに適しています。

警戒心が強く、人が10〜30mくらいに近づくと、干潟の泥の中にトンネル状に掘った巣穴（もぐ）に潜りこんでしまいます。英名はmud skipper（マドスキッパー）（泥土を跳ねる者）です。漢字では「鯥五郎」と書かれるので人名由来と思ってしまいますが、生息地周辺では昔から食用となっていて、この魚を方言で「むっこいゴロ（脂っぽい魚）」とよんでいたことからの命名です。ちなみに、ゲンゴロウ（源五郎）という水生昆虫がいますが、こちらも人名ではなく「玄甲（げんこう）（兵士の頭部を守る鉄兜（てつかぶと））」に由来します。ただし、魚のゲンゴロウブナは、琵琶湖の漁師「源五郎（人名）」に由来します。

トビハゼやムツゴロウの仲間　ヨダレカケ

　トビハゼやムツゴロウに似たものとして、ヨダレカケという海水魚がいます。日本では琉球列島にすんでいて、トビハゼやムツゴロウよりさらに陸上の生活に適応しています。

　産卵も陸上（海岸の岩壁）で行われます。岩にへばりつくために発達した口の下にある吸盤が、赤ん坊のよだれかけのような形であるところからの命名です。英名はpinafore blenny（ピナフォー ブレニー）（エプロンをつけたギンポ）で、欧米では口の下の吸盤をよだれかけではなくエプロンに見立てています。

全長：10㎝

ウツボ と ウミヘビ

ウツボ

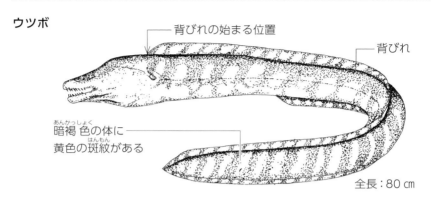

背びれの始まる位置

背びれ

あんかっしょく
暗褐色の体に
はんもん
黄色の斑紋がある

全長：80 ㎝

ウミヘビ
（ダイナンウミヘビ）

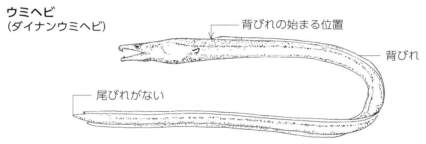

背びれの始まる位置

背びれ

尾びれがない

全長：1 m 20 ㎝

　ウツボは関東以南の岩礁域でよく見られる魚で、胸びれや腹びれはありません。そのかわり、背びれや尻びれが頭部の直後から尾部の先端まで長く連なっています。皮膚はぶ厚く頑丈で、うろこはありません。体には不規則な黄色の紋があり、口は大きく鋭い歯がぎっしりと並んでいます。口は完全に閉じられることはなく、（だらしなく）いつも開いています。

　大きく息をするような独特の呼吸のようすから、なんだか不気味で、いかにも挑みかかってきそうに見えてひるんでしまいます。実際、ウツボは「海のギャング」ともよばれるほどどう猛な性質で、人が噛まれると深い傷を負ってしまいます。

　比較的浅いところの岩の間にすんでいて、日中は岩礁のすきまに体を入れ、頭だけを出しています。そこで、「空洞（穴）」にすむ魚という言葉が訛って「ウツボ」とよばれるようになりました。

　ウツボはイセエビといっしょの岩の間にいることが多く（⇒56ページ）、タコがイセエビを食べにきたところを横から襲いかかって鋭い歯で食らいつきます。「イセエビでタコを釣る」といった具合です。タコよりすぐ隣にいるイセエビを食べたほうが美味だろうと思うのですが、どういうわけかウツボはイセエビをけっして食べようとはしません。「商品には手をつけない」とのモットーを貫いているのかもしれません。

　ウツボは小骨が多く、肉は硬くて脂っこいのであまり食用にはされませんが、和歌山県白浜町では佃煮などに加工され土産物屋で売られています。

　ウミヘビ（ダイナンウミヘビ）はヘビではなく「魚」です。鋭い歯をもち、体にはしまや斑点があります。うろこはなく尾びれもありません。砂や泥底に尾から素早く体を埋没させ、獲物が通るのを待ちます。ヘビのように見えますが、えら孔があるので魚だとわかります。南日本に分布していますが、食用にはならず利用価値はありません。

海には「泳げるヘビ」もすんでいる!?

　ウミヘビは「ヘビのような魚」ですが、実際に海にすむ、は虫類のヘビがいます。セグロウミヘビ（背黒海蛇）は、日本でも黒潮流域に見られ、流れ藻などの下にいて体を左右にくねらせて泳ぎ、魚類を食べます。は虫類なのでひれはありません。

　は虫類ということは肺呼吸なので、呼吸（息継ぎ）のためにときどき海面に浮上します。外洋にすみ、卵胎生（⇒49ページ）で3〜5匹の子どもを産みます。

　魚類のウミヘビは毒をもっていませんが、は虫類のウミヘビは毒をもっています。漁師が網を引きあげたあと、デッキで急いで魚を選別している際などに、うっかりしてウミヘビをつかんでしまって噛まれることがあります。

フグ と ハリセンボン

フグ（トラフグ）

全長：70 ㎝

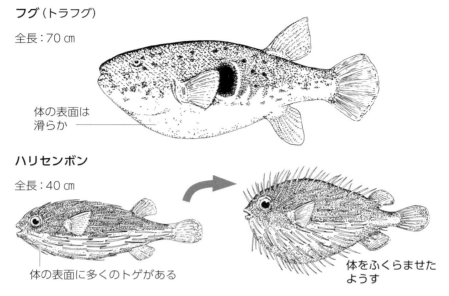

体の表面は
滑らか

ハリセンボン

全長：40 ㎝

体の表面に多くのトゲがある

体をふくらませた
ようす

　フグもハリセンボンもおちょぼ口の魚で、ひれは小さく、危険に遭遇すると体をふくらませる習性があります。しかしトゲの有無で、両者はすぐに区別がつきます。

　フグの体は長卵形で、ひれは小さく（小さいならまだしも）腹びれはなくなっています。このため泳ぎはあまり得意ではありません。小さな口にはナイフのような鋭い歯が4本生えています（学名は*Tetraodontidae*で「4本の歯」の意）。ふつう魚類にはまぶたがないため、目を閉じることはできませんが、フグは目のまわりの皮膚を動かして、目を閉じることができます（まぶたをもつ魚はフグとマンボウだけです）。

　フグ（河豚）は水中では水を、釣りあげられると空気を吸いこんで腹をふくらませ、自分の体を大きく見せて相手を威圧しようとします。ふくれるので「フク」、それがいつしか「フグ」とよばれるようになりました。漢字で「河豚」と書くのは、体がブタのように肥大するからとも、釣りあげられたとき、

「キー、キー」とブタのような声で鳴くからともいわれています。

　フグは美味な一方で、毒もあります。まさに「フグは食いたし、命は惜しし」「ふぐ汁を食わぬたわけに、食うたわけ」です。食べたあと毒に当たると死ぬことから、フグのことを「鉄砲」といったりします。さらには「キタマクラ（北枕）」と名付けられたものもいるほどです。

　フグ毒の成分はテトロドトキシンといい、神経を麻痺させます。毒はおもに卵巣や肝臓、皮膚に含まれていますが、この毒は煮ても焼いても分解されません。毒に当たると、早ければ約30分後、遅いと３時間もしてから症状が現れはじめます。食べた途端に症状が現れるわけではありません。やがてしびれや麻痺、言語障害から呼吸困難に陥り、最悪の場合は死に至ります。

　しかし、フグも生まれながらに毒をもっているわけではありません。稚魚のあいだは無毒です。フグは海底の土を小さな口で吹き飛ばしながら餌を食べますが（英名はpufferあるいはblowfishで、両者とも「吹く」の意）、このとき海底にすんでいる毒をもつ細菌もいっしょに食べてしまいます。その毒がフグの体内に蓄積されるのです。したがって稚魚のときから人工飼料で養殖されたフグには、毒はありません。

　なお、フグ調理師免許は都道府県それぞれの免許であり、全国共通ではありません。そのため免許を取得した都道府県でしか認められないので、他県では新たに免許を取りなおさなければなりません。

　ハリセンボン（針千本）は暖かい海にすんでいる、全身にトゲをもつ魚です。しかし実際のトゲの数は370本ほどで、名前でいわれる半分にも達しません。

　トゲはうろこが変化したものです。ふだん泳いでいるときには、トゲは体に沿って寝ています。危険が迫ったとき、海水を飲んで体をふくらませるとトゲが立ち、まるで栗のイガ状態になります。しかし、大型の魚にとってはトゲの威力は何ら通用せず、あっという間に丸ごと飲みこまれてしまいます。ハリセンボンはフグとちがって毒はありません。

　なお、ハリセンボンという名前のカニもいます。体一面にトゲ（針）が生えていることからついた名前です。ちなみに指切りの際の常套句「嘘ついたら、ハリセンボン飲〜ます」は、この魚やカニを頭から丸飲みさせるという意味ではありません。

シラウオ と シロウオ

シラウオ

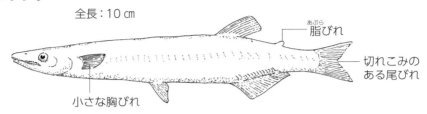

全長：10 ㎝

脂びれ

切れこみの
ある尾びれ

小さな胸びれ

シロウオ

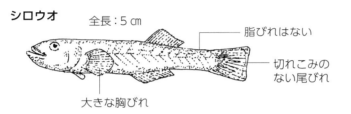

全長：5 ㎝

脂びれはない

切れこみの
ない尾びれ

大きな胸びれ

　シラウオとシロウオも半透明でうろこがなく、内臓までが透きとおって見える魚です。名前が似ていてまぎらわしいのですが、脂びれの有無で区別がつきます。

　そのほか、胸びれや腹びれの大きさ、尾びれの形や位置なども異なりますが、大きく異なるのは体の大きさ。シラウオのほうがはるかに大きいのです。両者とも、春に産卵したのち死んでしまう一年魚です。

　シラウオ（白魚）はシラウオ科に属する海水魚で、日本各地に分布しています。半透明なので脳までも透けて黒く見えます。脳が葵の紋のような形をしているところから、昔は徳川家の紋の入った魚として尊ばれました。ただ実際は、シラウオに限らず魚の脳はみんなそのような形をしていて、それがたまたま透けて見えただけ（といったら、実もふたもありませんが）。

　シラウオ漁は網を帯状に細長く張り、その網目に魚の体（えらぶたや背びれなど）が刺さって、自由に泳げなくなったものを引き上げます。淡水と海水が混じる汽水湖である島根県の宍道湖が産地となっています。シラウオは生きて

いるときは半透明ですが、茹でると白色になります。寿司だね、天ぷら、吸い物などにして食されます。味はあっさりしたなかにも特有の旨みがあります。

　若い女性の細くしなやかな指を「シラウオのような指」と表現しますが、現在ではあまり使われなくなりました。もし言ったとすると、「えっ！　私の指が魚のよう？」と怪訝な顔をされるかもしれません。「烏の濡れ羽色」も然りです。「嬲る」という字をほとんどの女子高生が「モテる」と読むともいいますから。ちなみに、娘や姥など「女偏」の部首はありますが「男偏」の部首はありません。嬲るの部首は、男偏に見えて、じつは女偏です。

　シロウオ（素魚）はハゼ科に属する海水魚で、「鮊」（小さな魚の意）ともいいます。3〜5月頃、群れをなして河口にのぼってきて、川底の小石の下などに卵を産みつけます。体は薄い飴色ですが、死ぬと白色になり味が落ちることから、福岡県の室見川などでは、生きたままポン酢で食べる「踊り食い」が名物になっています。しかし嚙まずにそのまま飲みこむので味はわからないといいます。だったら、ポン酢だけを飲むのとちがいはないのでは？

シラス干しも茹でる前は半透明

　魚屋さんやスーパーなどで見かける「シラス干し（チリメンジャコ）」は、**マイワシ**や**カタクチイワシ**などの稚魚（シラス）を食塩水で煮たあと、干して乾燥させたものです。乾燥状態によって、**シラス干し**（生乾き。東日本）と**チリメンジャコ**（十分に乾燥させたもの。西日本）とよばれます。マイワシやカタクチイワシのほか、ハゼやエソ、サワラ、カサゴなど数種類の稚魚が含まれています。一般に稚魚は半透明ですが、煮ると白くなります。

　以前、ラジオの子ども電話相談室で「シラス干しのあの小さな魚は、どうやってとるのですか？　一匹ずつ釣っていたら大変だし、網でとるにしても体が小さいから網の目から逃げていってしまうし……」と質問がありました。回答はこうです。「魚よりも、もっと小さい目の網でとるんだよ」

　余談ですが、地質学で「シラス」といったら火山灰土壌をいいます。「白浜」に由来するとのことです。

ニッポンバラタナゴ と タイリクバラタナゴ

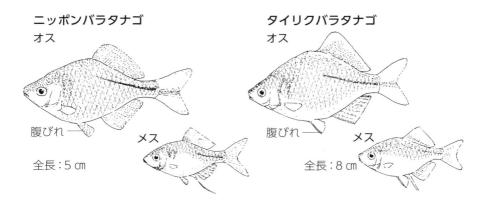

ニッポンバラタナゴ
オス

タイリクバラタナゴ
オス

腹びれ ——
メス
全長：5 cm

腹びれ ——
メス
全長：8 cm

　タナゴは体高の高い平たい形（ひし形）をしたコイ科の淡水魚です。体型が
タイに似ているが小さいので、「鯛（タイ）の子」とよんだことから「タナゴ」となりま
した。「バラ」は、繁殖期のオスは全体的に美しい薔薇色（ばらいろ）になるところからです。

　タナゴの子づくりは二枚貝（ドブガイやカラスガイなど）の体内で行われま
す。メスは長い産卵管を用いて貝の体内に産卵し、すかさずオスが放精します。
ふ化した稚魚（ちぎょ）は、1ヵ月ほど貝の中にとどまったあと、貝から出ていきます。
タナゴは漢字で「店子」と書きますが、これは貝に子どもが借家するからとも
いわれています。

　在来のニッポンバラタナゴ（日本バラタナゴ）はタイリクバラタナゴ（大陸
バラタナゴ）より小ぶりで、また腹びれ前縁に白色部がないのが特徴です。タ
イリクバラタナゴは太平洋戦争中の1942年、食料増産の目的で中国から移入
されたソウギョとハクレンに混じっていたのが最初で、その後全国に広がりま
した。名前の「大陸」というのは中国を指しています。

　タイリクバラタナゴのほうが体が大きいので、自然界ではニッポンバラタナ
ゴは居場所を乗っとられて次々と姿を消し、また両者の雑種が生まれています。
現在では純粋なニッポンバラタナゴは消滅したのでは？　といわれているほど
事態は深刻です。

みそ汁のアサリの中の小さなカニ

　アサリのみそ汁を食べている際に、時折貝の中に小さなカニが入っていることがあります。カニの子どもと思ってしまいますが、じつはこれは小さな大人のカニで、カクレガニ科に属する**ピンノ**というものです。それもメスです。

　ピンノのメスは、生まれるとすぐに二枚貝の中に入ります。そのあとは一生外に出ることはありません。貝の中にいることで、敵には見つからないし、貝が吸いこんだプランクトンを横取りできるので、食べるのにも困りません。自分で動く必要もなく、毎日「食べては寝て」の怠惰な生活を満喫（?）しています。怠惰な生活（寄生生活）のため、色素や体表面の石灰質までもが退化してしまい、体は白く甲羅もやわらかくなっています。

　オスはどうしているのかというと、オスの体はメスの3分の1ほどの大きさしかなく、開いた貝のわずかなすきまから自由に出入りできます。それで、オスは繁殖期になるとその小さな体をフルに活用して、手当たり次第に貝を訪問し、引きこもっているメスに出あうと「オー、ベイビー!　ずいぶんと探したぜぇ～い」と繁殖に励みます。メスは貝の中で卵を産み、卵からかえった幼生は「バイなら」と言い残して（これもすでに死語でした）、貝の出水管から外へ出ていき、メスはほかの貝に入水管から無断侵入してそのまま居座ってしまいます。

　アサリの中に入っているのはオオシロピンノ、ハマグリの中にいるのはマルピンノです。シジミの中にもシジミピンノがいることがありますが、きわめてめずらしいことです。

　最後に蛇足ながら、アサリやシジミのみそ汁で、貝の口が完全に開いていないものがあると「これはお湯に入れる前に死んだ貝」と思っている人がいますが、そうではありません。冷凍保存された貝はお湯に入れる前からすべて死んでいますが、熱を加えれば口は開きます。加熱しても口を開かないのは、貝柱に異常があるのが原因です。また、釘などの鉄製品を入れると、アサリはよく砂を吐くといわれますが、そのような科学的データはありません。

ダンゴムシ と ワラジムシ

ダンゴムシ (オカダンゴムシ)　　　　　　　ワラジムシ

短い触角　　　　　　　　　　　　　　　　長い触角

体長：
1.3 cm

体長：
1 cm

*驚くと丸くなる

尾肢(びし)はない　　　　　　　　　　　　　　尾肢がある

　ダンゴムシもワラジムシも名前はムシとなっていますが、虫（昆虫）ではなく甲殻類(こうかく)に属し、エビやカニの仲間です。ただしエビやカニとちがって、それぞれの足の長さが等しいのが特徴です（等脚目(とうきゃくもく)）。

　ダンゴムシの腹部には７対の足があります（昆虫の足は３対）。背中は黒っぽく、メスには黄色の斑点(はんてん)のような模様があります。驚くと丸くなり、アルマジロのようなポーズをとります（学名は*Armadillidium*で「小型のアルマジロ」の意）。男女を問わず、幼児にいちばん人気がある「虫」がダンゴムシです。「丸くなる」というのが幼児にとってはチャームポイントなのでしょう。つまもうとしたら、くるっと丸くなるお菓子を発売したら、子どもに爆発的に売れるかもしれません。

　ダンゴムシが体を丸めるのは「護身のため」と本には書かれています。果たしてそうなのでしょうか？　ダンゴムシを採集するときなど、丸くなってくれることでつまんで採(と)りやすくなるし、鳥類などの捕食者にとっても丸薬状（英名はpill bug(ピル バグ)）というのは、一口サイズの木の実のようで、むしろついばみやすいのではないでしょうか。また「丸くなることで、転がって遠くに逃れられる」などとも書かれていますが、彼らがすんでいるところが必ずしも斜面であるとは限りません。

　ダンゴムシは日陰で湿ったところの落ち葉や石の下、あるいは植木鉢の下などを好み、夜になると餌を求めて活発に動きまわります。落ち葉を食べるので、落ち葉の分解に役立っていますが、生きている植物も食べるので、ときとして野菜などに被害を与えることもあります。

　ダンゴムシには「交替性反応」といって、障害物にぶつかって最初に右に曲がった場合は、次にぶつかると左に曲がり、次は右に、次は左に……という具合に、左右交互に進路をとる性質があります。もし障害物にぶつかるたびに同じ方向に曲がっていたら、グルッと一周まわってもとの場所に戻ってきてしまいますが、この性質により、敵に遭遇して逃げるときなど、より遠くに逃げることができます。

　ダンゴムシ（オカダンゴムシ）は、現在では世界中にすんでいますが、故郷はヨーロッパです。それが植物にくっついて運ばれ、世界中に広がったと考えられています。日本にやってきたのは、明治時代の中頃から末期にかけてといわれています。

　ワラジムシも足は7対ですが、ダンゴムシにくらべて平べったい体をしています。背中は灰色で、オスの体は小判形で大きく、メスはやや楕円形です。

　ワラジムシもヨーロッパ原産の外来種です（はるばるヨーロッパからやってきて、日本で「草鞋を脱いだ」次第です）。触角はダンゴムシよりも長く、尾の先にはトゲ（尾肢）があります。こちらも石や床の下など湿ったところにすんでいて、日の当たらない便所のあたりをうろちょろしているのが散見されるので、別名「便所虫」などとありがたくないニックネームでよばれることもあります。もしかしたらワラジムシにはハエなどと同じく、アンモニアのにおいに惹かれる性質（正の化学走性）があるのかもしれません。誰か調べてみてください。

　両者ですが、ワラジムシはダンゴムシとちがって驚いても丸くならないので、すぐ区別できます。

　ワラジムシは、「草鞋に似た形をした虫」というところからのネーミングなのでしょうが、若い方は「わらじ」といわれてもあまりピンとこないのではないでしょうか。英名はwood louse（森にすむシラミ）です。こちらは若者だけでなく、年配者でも首を傾げたくなるネーミングです。

ヤスデ と ムカデ

ヤスデ（ヤケヤスデ）

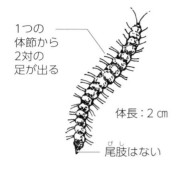

1つの
体節から
2対の
足が出る

体長：2 cm

尾肢（びし）はない

ムカデ（ズアカムカデ）

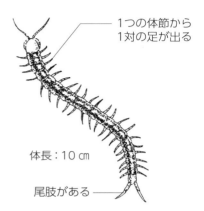

1つの体節から
1対の足が出る

体長：10 cm

尾肢がある

　ヤスデもムカデも体が細長く、たくさんの足があるのが特徴で「多足類（たそくるい）」というジャンルに属します。野外で見たときどちらなのかを識別するには、多くの足をざわざわ動かしてまっすぐ歩いていたらヤスデ、ヘビのように体を左右にくねらせて素早く歩いていたらムカデです。また、棒などで触ったとき、体を巻くようだったらヤスデです。ヤスデよりも、ムカデのほうがかなり大きな体をしています。ヤスデはベジタリアンで人を刺すことはありませんが、ムカデは肉食で人を刺すことがあり、噛（か）まれると激しく痛みます。

　ヤスデは1つの体の節から2対の足が出ています（はじめの3環節には1対ずつ、4節以降には2対ずつの足があります）。成長して脱皮するごとに体の節の数が増え、当然のことながら足の数も増えていきます。記録によると、足の数がもっとも多かったものは750本です。

　ヤスデは湿った落ち葉などの下にすみ、落ち葉などを食べています。外敵に出会うと体を巻いて臭気（しゅうき）を放ちます。大量発生して線路に這い出し、列車にひかれた際の脂（あぶら）で車輪を空回りさせるなどの「事件」を引き起こすのはキシャヤスデ（汽車ヤスデ）という種類です。

ムカデの足の先には鋭い爪があり、口からは毒液を出して小さな虫などを捕まえて食べます。1つの体節から1対の足が出ています。足の数は種類によって15対（30本）から191対（382本）までさまざまです。漢字で「百足」と書きますが、ちょうど百本足（ということは体節が50対）というムカデはまだ見つかっていないとのことです。

ヤスデやムカデの「足」を昔の人は「手」と見たようで、ムカデという名前は「手が向かい合っている」という「向手」からです。同様に、ヤスデも「ヤソデ（八十手）」に由来します。ヤスデの英名はmillipede（千本の足）で、ムカデはcentipede（百本の足）です。たしかにヤスデのほうが足の数は多くあります。それにしても、百本足のムカデは世界的にも見つかっていないのに、日本語も英語もともにムカデが「百足」とは……。

じつは無害な虫　ゲジ

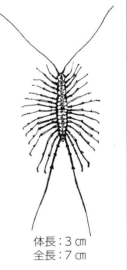

ヤスデやムカデに似た多足類としてゲジ（通称「ゲジゲジ」）がいます。全身が足といった感じの「虫」です（昆虫ではないのですが）。ゲジの足は15対（1つの体節に1対）あり、しかも長く、触角と最後尾の足は特に長いのが特徴で、素早く歩きます。

人家付近の石の間や落ち葉の中などにいますが、ときおり人家内にも侵入します。そのグロテスクな姿からひどく嫌われていますが、じつはゴキブリなどを食べる益虫なのです。人にはまったく無害です。

それにしても、ゲジとは変な名前です。その昔、山伏や修験者を「験者」とよんでいました。彼らは早足で歩くことから、この虫の俊敏な動きを験者に見立てたとも、あるいは逃げ足の速いことから、「逃げし逃げし」が転じたともいわれています。太く濃い眉毛を「ゲジゲジ眉」といいますが、これはゲジの形態に由来します。昔はゲジがきわめて身近な存在であったことが窺えます。

体長：3㎝
全長：7㎝

チョウとガ

チョウ（アゲハチョウ）　　　　　　**ガ（シャチホコガ）**

開帳：10㎝　　　　　　　　　　　　開帳：3㎝

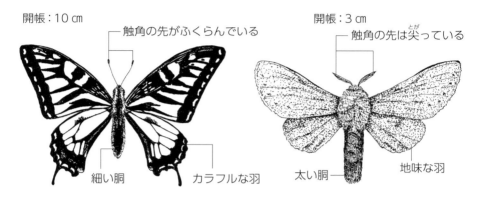

触角の先がふくらんでいる　　　触角の先は尖っている

細い胴　　カラフルな羽　　　太い胴　　地味な羽

＊ひらひらと飛ぶ　　　　　　　＊バタバタと一直線に飛ぶ
＊羽をくっつけて止まる　　　　＊羽を広げて止まる

　チョウ（蝶）は好意的に受け入れられますが、**ガ**（蛾）はどうも苦手という人が多いようです。その理由として、**ガ**の羽の色は灰色や茶褐色といった地味な色をしており、特に夜、部屋の中へ入ってきて明かりに体を打ちつけて鱗粉をまき散らすといったことが嫌われるようです。

　その点、**チョウ**は羽の色もカラフルで、日中お花畑などを優雅に飛んでいます。実際は、**チョウ**の羽も鱗粉でおおわれているのですが。**チョウとガ**には羽（翅）に鱗粉があることから、両者を合わせて「鱗翅目」といいます。

　鱗粉には雨をはじきとばす役目（撥水効果）があります。鱗翅目に属する昆虫は世界中で約18万種類いますが、そのうち1万5000種（つまり、1割にも満たない）が**チョウ**で、残りの16万5000種（9割以上）が**ガ**です。**ガ**のほうが圧倒的に多く、**チョウ**は**ガ**の仲間の一部なのです。

　チョウとガを区別して、それぞれ対応した言葉があるのは、中国語、日本語（両者とも蝶と蛾）、英語butterflyとmothくらいで、ドイツ語やフランス語で

はことさら区別せずに、「昼のチョウ（いわゆる蝶）」「夜のチョウ（いわゆる蛾）」とよんでいます。

　学問的にも**チョウ**と**ガ**の間に厳密な区別はありません。強いて区別をするなら、**チョウ**は一般的に羽の色と模様が美しいものが多く、体が細く、昼間ひらひらと飛びます。静止するときには羽を背中に合わせて立てて止まります。卵は1個1個産みつけられます。

　一方、**ガ**は一般的に羽の色は地味で、体が太く、夜間バタバタと一直線に飛びます。静止するときには羽を広げて止まります。

　卵はかたまり（卵塊）で産みます。また**チョウ**は繭をつくりませんが、**ガ**は繭をつくります。

　チョウは日中飛ぶので、異性に自分の存在を知ってもらうために目立つ必要がありますが、**ガ**は夜行性なので美しく飾り立てても意味がありません。雌雄の出あいを視覚に頼ることができないため、**ガ**のメスはにおい（フェロモン）を発して、オスにアピールします。

　彼らの天敵は鳥です。**チョウ**の羽の裏は地味な色になっていますが、止まっているときに羽を合わせることで、捕食者である鳥から身を守っているのです。徹底的に鳥を避けて、ついには夜活動するようになったのが**ガ**です。昼に飛ぶ**ガ**はいますが、夜に飛ぶ**チョウ**はいません。

　チョウと**ガ**の区別で決め手となるのは触角の形です。**チョウ**の触角は先端がふくらんでいますが、**ガ**では先が尖っています。日本にいる**チョウ**や**ガ**では例外なくすべてにあてはまります。

「超」小さいチョウ!?

　「チョウ」という名前のチョウはいませんが、「チョウ（魚蝨）」という名前の甲殻類はいます。魚蝨は体長6mmほどで、足の一部が吸盤のようになっており、金魚やコイなどの皮膚にくっついて、その体液を吸います。しかし「ガ」という名前のいきものはいません。「ガ」＋「チョウ」はいます。鳥です。

モンシロチョウと スジグロチョウ

モンシロチョウ

開帳：5 ㎝

スジグロチョウ

開帳：5.5 ㎝

　モンシロチョウは、もっとも身近なチョウでしょう。ところが、私たちがモンシロチョウと思っているチョウが、意外にもスジグロチョウという別のチョウの場合があります。

　モンシロチョウ（紋白蝶）は「黒い紋のある白い蝶」の意で、草原や畑など、開けたところにすんでいます。成虫はアブラナやタンポポなどの蜜を吸い、卵はキャベツの葉などに産みつけます（英名は cabbage butterfly）。ふ化した幼虫はキャベツの葉を食べて育つので、農家の人にとっては害虫とされます。

　スジグロチョウ（スジグロシロチョウともいう）は、外見や飛び方などはモンシロチョウによく似ているのですが、「条黒蝶」と書くことからもわかるように、羽の脈に沿って「黒いすじ」が放射状にあるのが特徴です。スジグロチョウは比較的薄暗い、湿ったところを好み、林のまわりや樹木の茂った公園などでは、モンシロチョウよりも多く見られます。人家周辺でも見ることができます。スジグロチョウの幼虫はキャベツではなく、野生のアブラナ科の雑草を食べて育つため、害虫とはなっていません。

　じつはスジグロチョウは、古くから日本にすんでいました。一方、モンシロチョウは中東付近が原産で、アブラナ科の野菜の伝播とともに世界中へ分布を拡大していきました。日本には室町時代以降に、中国大陸からやってきました。近年、キャベツ畑の減少とともにモンシロチョウは少なくなりましたが、スジグロチョウが住宅地や公園などでひんぱんに見られるようになっています。

「におい」で窮地を脱する虫たち

　テントウムシをつつくと、足のつけ根から黄色いくさい汁を出します。この
においを鳥は嫌がります。鳥にしてみれば、食べようと近づいたら、その強烈
なにおいに「オエッ」となり、とたんに食欲減退。「かんべんしてよ〜」とぼ
やきながら（？）鳥はその場を立ち去ります。

　アゲハチョウの幼虫は鳥の糞に擬態して、敵がスルーしてくれることを願っ
ています。それでもなかには目ざとく見破って、つついてくるものがいます。
すると、**アゲハチョウの幼虫**は「これでもくらえ」とばかりオレンジ色の角を
出し、ミカンの腐ったような強い悪臭を放ち、鳥を退散させます。

　カメムシは幼虫も成虫も、青くさいにおいで鳥などの天敵から身を守ります。
においは「臭腺」という部位から出される液状のもので、幼虫の臭腺は腹部
の背中側に、成虫では中足のつけ根にあります。要するに、幼虫も成虫も嫌な
においを出して敵を辟易させ、追いかえします。英名もstinkbug（悪臭を放
つ虫）です。

　昆虫博士の名和秀雄氏は「カメムシが食べ物の中に潜りこんでいるとは知ら
ずに、ある食べ物を食べたところ、嫌な味が口中に広がり、夜になってもご飯
を食べる気にはならなかった」と記しています。カメムシを口に入れただけで、
食欲が減退するとなると、カメムシはダイエットに使えるのではないでしょうか。

　カメムシのにおいの成分を化学合成したスプレーをつくり、何かを食べたい
と思った瞬間、口の中にワン・プッシュ。口中に広がる強烈な不快感。食欲も
一挙にどこかへ吹っ飛んでしまう（はずです）。ダイエットのために、回虫な
どの寄生虫を飲んで栄養分を横取りしてもらうとか、整形外科で脂肪吸引手術
まで決断する女性にとっては、「カメムシのにおいスプレー」のほうがナチュ
ラルフレイバーで安全だし、手っ取り早いと思うのですが。空腹感を覚えるた
びに口にシュッ。カメムシだけでなく、テントウムシとアゲハチョウの幼虫の
発するにおいを加えて３つをブレンドしたら、いたたまれず町内を走りまわっ
て、運動まですることになって効果抜群かもしれません。

ミツバチとハナアブ

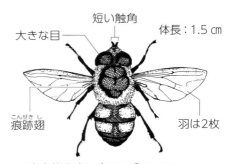

ミツバチ (セイヨウミツバチ)

長い触角

小さな目

体長：1.3 ㎝
(働きバチ)

羽は4枚

＊空中停止 (ホバリング) できない

ハナアブ

短い触角

大きな目

体長：1.5 ㎝

痕跡翅
(こんせきし)

羽は2枚

＊空中停止 (ホバリング) できる

　ミツバチもハナアブも腹部が黒と黄のしま模様で、花を訪れて蜜を吸っている姿を遠くから見ただけでは、区別するのは難しいでしょう。ハナアブの英名hoverfly（空中停止する虫）からもわかるように、花の上などで空中停止をしていたらハナアブです。ミツバチは空中停止飛行ができません。花に止まったところを近寄って見ると、ミツバチの羽は4枚ですが、ハナアブの羽は2枚しかありません（後ろの羽は退化して小さく、羽の形をしていません）。

　そのほか、触角の長さや目の大きさなども微妙に異なります。行動にもちがいがあり、ミツバチは体についた花粉を足を使って後足に集めますが、ハナアブにはそのような行動は見られません。これはミツバチが花粉を巣にもちかえるのに対して、ハナアブは自分が食べるだけでその必要がないからです。また、ミツバチの幼虫は巣の中で働きバチの世話を受けながらすくすくと育ちますが、ハナアブの幼虫は汚い水にすんでいてたくましく自力で育ちます。

　ハチ（蜂）の「夆」は尖ったもの、つまり針を意味します。「針持ち」が転じてハチと名付けられました。身の危険を感じると針で攻撃しますが、ミツバチが刺したあと、針は内臓ごと引きちぎられて抜けてしまうので、ミツバチはそのまま死んでしまいます。ところが、抜けた針には仲間をよび寄せる成分が含まれているので、すぐに援軍が駆けつけ、まさに「蜂起」してきます。だから、

ミツバチに刺されたら一刻も早くその場を立ち去ることです。

　刺された傷にはアンモニアが効くというので、痛みをこらえ、あわててオシッコをする者がいます。そこへ急を聞いて駆けつけてきた仲間のミツバチにポコチンまで刺されて「ひぇ〜」。まさに「泣きっ面にハチ」とはこのことです。ハチに刺された際にはオシッコを塗っても効果はありません。応急処置としては、まず針が残っていたら毛抜きなどで針を抜きます。ハチの毒は水に溶けやすいので、刺された付近を水でよく洗ってから、市販されている虫刺され用の薬を塗ります。もっとも効果があるのは、抗ヒスタミン剤を含んだステロイド軟膏です。

　一般にアブはハエに似ており、牛や馬などの家畜や人間の血を吸う害虫として名を馳せていますが、吸血するのはメスだけです（じつは蚊も、血を吸うのはメスだけです）。アブのなかでも、ハナアブ（花虻）はハチに似ており、花の蜜を吸って生きています。手でつまんでもハチのように刺すことはありません。しかし外見も大きさもミツバチそっくりで、いかにも針をもっていそうです。そのように思ってくれればハナアブ一族の思うツボなのです。ミツバチに便乗しているのであり、ミツバチの威を借りているのです。「虻蜂取らず」という言葉があります。クモが巣にかかったアブとハチの両方を見て、どっちがハチで、どっちがハナアブだっけ？　と手をこまねいてオロオロしているという意味ではなく、「二兎を追う者は一兎をも得ず」と同じ意味です。

　アブの名前の由来は、「アッ！」が発語で、「ブ」は羽音を表しています。

　ところで、猛烈サラリーマンなどを「働きバチ」といいますが、実際の働きバチはすべてメスです。オスの役割は交尾するだけです。オスは、食べ物（蜜）も働きバチ（メス）から口移しで食べさせてもらうという、上げ膳据え膳の、じつにうらやましい生活をしています。英語でミツバチのオスをdrone（怠け者）とよぶのもうなずけます（次に生まれてくるなら、ミツバチのオスというのもまんざら悪くはない）。しかし結婚シーズン（honeymoon）が終わると、それまでかいがいしく仕えてくれていた働きバチたちは、途端に手のひらを返し、寄ってたかってオスを巣から引きずり出します。巣から追い出されたオスは、寒さに震えながら飢え死にするというからすさまじい（やっぱりや〜めた。）

ニホンミツバチと
セイヨウミツバチ

ニホンミツバチ

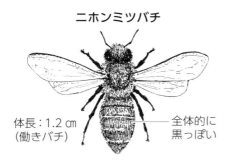

体長：1.2 ㎝
（働きバチ）

全体的に
黒っぽい

セイヨウミツバチ

体の色が
あざやか

体長：1.3 ㎝
（働きバチ）

**巣を冷却するとき
の姿勢**

　ミツバチには、日本の在来種である**ニホンミツバチ**（日本ミツバチ）と**セイ
ヨウミツバチ**（西洋ミツバチ）とがいますが、私たちがふだん野外で目にする
ミツバチは、ほとんどが**セイヨウミツバチ**です。

　セイヨウミツバチは1877年に日本に輸入され、各地で飼育されるようにな
りました。蜜を取り出す際、**ニホンミツバチ**では巣の一部を切り取らなければ
ならないので、巣を壊してしまうことになります。その点、**セイヨウミツバチ**
では可動式の巣枠を引きあげて、これを遠心分離器にかけることでかんたんに
蜜を得ることができます。このようなことから、**セイヨウミツバチ**が日本の養
蜂の主力を占めるようになりました。

　さて、両者のちがいですが、**ニホンミツバチ**のほうが**セイヨウミツバチ**より
体が若干小さく、黒っぽい色をしています。

　また、両者は行動でもちがいがあります。ミツバチは真夏など気温が高いと
きには、巣の中を冷やすために巣の入口にたくさんの働きバチが集まり、羽を
ふるわせて風を送ります。羽をうちわがわりに使うのですが、その際、**ニホン
ミツバチ**は頭を巣の外に向けて、後方にある巣に風を送ります。一方、**セイヨ**

ウミツバチは逆に頭を巣のほうに向けて、巣内の温かい空気を巣外へ引き出します。巣内の冷却という点では**セイヨウミツバチ**のほうが科学的で理屈にかなっています。しかも**セイヨウミツバチ**が一斉に羽をふるわせるのに対して、**ニホンミツバチ**は雑然としていて、統率がとれているとは言いがたい状態です。

　天敵に対しても両者はちがった行動を示します。ミツバチの天敵はスズメバチで、巣はしばしばスズメバチの襲撃を受けます。日本で最大のハチであるスズメバチの攻撃に対して、**セイヨウミツバチ**は個々が果敢に反撃を試みます。しかし、強力で大きな顎をもつスズメバチにかなうはずもなく、次々に噛み殺され、累々たる死体の山を築いた揚げ句、ときには全滅してしまいます。

　ところが**ニホンミツバチ**はちがいます。巣に来襲した1匹のスズメバチに対して「それっ」とばかり大勢で飛びかかり、幾重にも取りかこみます。何百匹という**ニホンミツバチ**が続々と集結し、またたく間に大きなボール状の固まり（蜂球）になります。そして胸の筋肉を動かして熱を発生させます。その真ん中にいるスズメバチは悲劇です。中心部の温度はぐんぐん上昇していくため、暑さに耐え切れなくなり、もがき苦しみながら、ついにはコテッと息絶えます。

「ニホン」と「セイヨウ」のちがい

　タンポポは、日当たりのよいところに生える多年草です。日本在来のタンポポは、ほかの株の花粉で受精しなければ種子をつくることはできませんが、**セイヨウタンポポ**は受精しなくても種子をつくることができます。この利点をいかして**セイヨウタンポポ**が爆発的に増殖する一方、

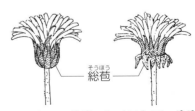

総苞

カントウタンポポ
（在来種）

セイヨウタンポポ
（外来種）

日本在来の**カントウタンポポ**は衰退しつづけています。両者を見分けるポイントは、花のつけ根の部分（総苞）を見て、まっすぐだったら在来種、そり返っていたら**セイヨウタンポポ**です。

バッタ と イナゴ

バッタ（トノサマバッタ）

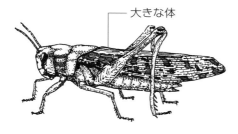

— 大きな体

体長：6 ㎝

イナゴ（ハネナガイナゴ）

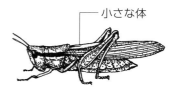

— 小さな体

体長：3.5 ㎝

　アメリカの作家、パール・バックの『大地』のなかに、空が真っ黒になるほどの「イナゴ」の大群が飛来し、農作物をことごとく食べつくしてしまう描写があります。しかし学問的には、飛来したのは「イナゴ」ではなく「バッタ」です。また夏目漱石の『坊っちゃん』には、生徒との間でこんなやりとりがあります。「どうしてふとんの中にバッタを入れたのだ」「そりゃ、バッタじゃなくてイナゴぞなもし」「イナゴもバッタも同じだ」

　イナゴと**バッタ**はちがいます。両者を漢字で書くと**バッタ**は「飛蝗」、**イナゴ**は「蝗」で明確に区別しています。文字からもわかるように、**バッタ**はよく飛びますが**イナゴ**はあまり長距離を飛ぶことはありません。だから『大地』のなかで描かれているのは**バッタ**です。しかし英語では両者を区別していません。locust、grasshopper ともに**イナゴ**および**バッタ**です。パール・バックは locust を用いており、「イナゴ」としたのは翻訳者のミスだと思われます。また、漱石にしても英語の先生だったことを考慮するとわかるような気がします。

　イナゴは佃煮など食料になりますが、**バッタ**はそういうことはありません。とはいえ、両者は同じバッタ科に属しています。後足が長く、正常の歩行にひんぱんに跳躍が混じります。

　バッタは一般に体が大きく、後足がよく発達しています。ふだんは農作物に害を与えることはありませんが、**バッタ**のなかでも**トノサマバッタ**（アフリカ

などではサバクトビバッタ）は、時として大発生をして、農作物に壊滅的な被害をもたらすことがあります。どうして**トノサマバッタ**は大発生して飛来するのでしょうか？

　乾燥状態が数年間続くと食べ物が極端に少なくなってしまいます。すると残ったわずかな草を求めて、周辺の**トノサマバッタ**が次々と集まってきます。まさに一極集中です。そのような状態では、限られたところ（土中）にたくさんの卵が産みつけられることになります。ふ化した幼虫は過密状態で過ごすことを余儀なくされますが、そのような環境で育った子どものバッタは（どういうわけか）体が小さく、羽の長い成虫に育って飛ぶのに適した体になります。これを「相変異」といいます。そして彼らはある日、一斉に新天地を求めて飛びたちます。**トノサマバッタ**の学名 *migratoria* は「移動する」という意味です。相変異の引き金は、極端な過密状態のなか、仲間との触角のふれあいが刺激となると考えられています。このことを解明したのはロシアの昆虫学者ウバロフですが、彼はトノサマバッタ同様、1920年にロシアからイギリスに長距離移動（亡命）しました。バッタとイナゴの最大のちがいは、この相変異を起こす（**バッタ**）か、起こさない（**イナゴ**）かです。

　バッタというのは「バタバタ」という羽の音を表した擬音語ですが、彼らは数千kmにわたって移動しながら、手当たり次第に植物（農作物）を食べるため、被害は甚大なものになります。**トノサマバッタ**（殿様バッタ）の「殿様」とは、「誰に気兼ねすることなく、わがもの顔で食べる」ことに由来します。さすが殿様です。3杯目をそっと出すなんてことはしません。バッタによる被害はおもにアフリカや中国で見られますが、日本でも過去には何度も甚大な被害を受けました。近年では、沖縄県・北大東島（1973年）、鹿児島県・馬毛島（1986年）などで大発生の記録があります。

　イナゴの体は緑色のものが多く、羽は淡褐色です。「稲子」という当て字が使われることからもわかるように、イネの害虫として古くから知られ、農家では駆除するのに苦労してきた虫です。いまでも各地の農村に伝わる「虫送り」は、**イナゴ**などの害虫を追いはらうための行事です。「稲」田に寄生する「コ」（小動物を示す接尾語で、カイコのコと同じ）が名前の由来です。

カナブン と コガネムシ

カナブン（アオカナブン）

頭は
長方形

体長：2.5 ㎝

コガネムシ（スジコガネ）

頭は
半円形

体長：2 ㎝

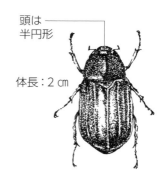

飛んでいるとき

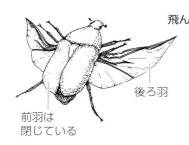

後ろ羽

前羽は
閉じている

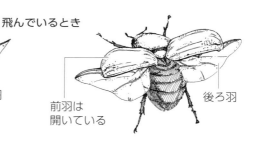

前羽は
開いている

後ろ羽

　カナブンもコガネムシもコガネムシ科に属する昆虫で、羽は金属光沢を放ってテカッています。コガネムシ科の昆虫は触角がLの形をしていて、足にはトゲがあります。急激なショックを受けると擬死状態（死んだふり）になって敵から逃れます。コガネムシ科の幼虫は太った体をC字形に曲げて、土や堆肥などの中にすむものが多く、「ジムシ（地虫）」とよばれています。頭が大きく、大顎が発達していて植物の根を嚙み切るので、農作物や田んぼの害虫となっています。また、成虫になると葉を食べるので、これまた害虫としてリストアップされています。

　両者のちがいですが、カナブンは頭が長く突き出て（長方形）いますが、コ

１０２-００７１

切手をお貼
りください。

さくら舎 行

東京都千代田区富士見
一ー二ー十一
ＫＡＷＡＤＡフラッツ一階

住　所	〒 　　　　　　　　都道 　　　　　　　　府県			
フリガナ		年齢		歳
氏　名		性別	男	女
TEL	（　　　　　）			
E-Mail				

さくら舎ウェブサイト　www.sakurasha.com

ご購読ありがとうございました。今後の参考とさせていただきますので、ご協力を
お願いいたします。また、新刊案内等をお送りさせていただくことがあります。

【1】本のタイトルをお書きください。

【2】この本を何でお知りになりましたか。
1.書店で実物を見て　　2.新聞広告(　　　　　　　　　　　　　　新聞
3.書評で(　　　　　　　)　　4.図書館・図書室で　　5.人にすすめられて
6.インターネット　　7.その他(

【3】お買い求めになった理由をお聞かせください。
1.タイトルにひかれて　　　2.テーマやジャンルに興味があるので
3.著者が好きだから　　　4.カバーデザインがよかったから
5.その他(

【4】お買い求めの店名を教えてください。

【5】本書についてのご意見、ご感想をお聞かせください。

●ご記入のご感想を、広告等、本のPRに使わせていただいてもよろしいですか。
　□に✓をご記入ください。　　□ 実名で可　　□ 匿名で可　　□ 不可

ガネムシの頭は丸形（半円形）で突き出ていません。

さらに、ちがいは飛んでいるときに顕著に現れます。**カナブン**は前羽（硬い光沢のある羽）を閉じた状態で飛びますが、**コガネムシ**は前羽を開いた状態で飛びます。前羽を閉じている（**カナブン**）にせよ、開いている（**コガネムシ**）にせよ、両者とも後ろ羽だけを羽ばたかせて飛びます。

カナブン（金蚉）の体の色はさまざまです。彼らは夏にクヌギ、ナラなどの樹液に集まります。樹液を吸っている最中に（つまり食事をしながら）オシッコをするというマナーの悪さです。朽ち木の中などに産卵しますが、ふ化した幼虫は腐植物を食べて育ち、1〜2年で成虫になります。

一般に**カナブン**は日中活動しますが、俗に「カナブン」とよばれているものは、ドウガネブイブイやサクラコガネなど、夜に灯火に飛んでくるものをいっています。**カナブン**という名前は、羽が「金」属光沢であることと、「ブーン」という羽音に由来します。それにしても、ドウガネブイブイとは変わった名前ですが、「ドウガネ」というのは「銅」のような「金」属的な体色からで、「ブイブイ」は飛ぶときの羽音からの命名です。

コガネムシの幼虫は、サクラやクヌギなどの広葉樹の根を食べて育ちます。1〜2年して成虫になると広葉樹の葉を食べます。成虫になると、多くは夕方から夜にかけて活発に活動し、人家に不法侵入してくることもあります。

コガネムシは「黄金虫」と書きますが、背中がメタルカラーに輝いていることからの命名です。♪コガネムシは金持ちだ　金蔵建てた　蔵建てた♪（作詞：野口雨情）と歌われるのも、金属光沢であることからという単純な発想です。キンピカの衣装をまとっているのは金満家だからというわけでも、趣味が悪いからというのでもありません。金属光沢には強い光を反射する働きがあり、体温の上昇を防ぐという実用面からです。また、**コガネムシ**の天敵である鳥は、キラキラとした金属色を嫌う性質があるからともいわれています。鳥除けにいらなくなったCDをベランダや軒下などにひもでつるしている光景を見かけるのは、このためです。

アリとシロアリ

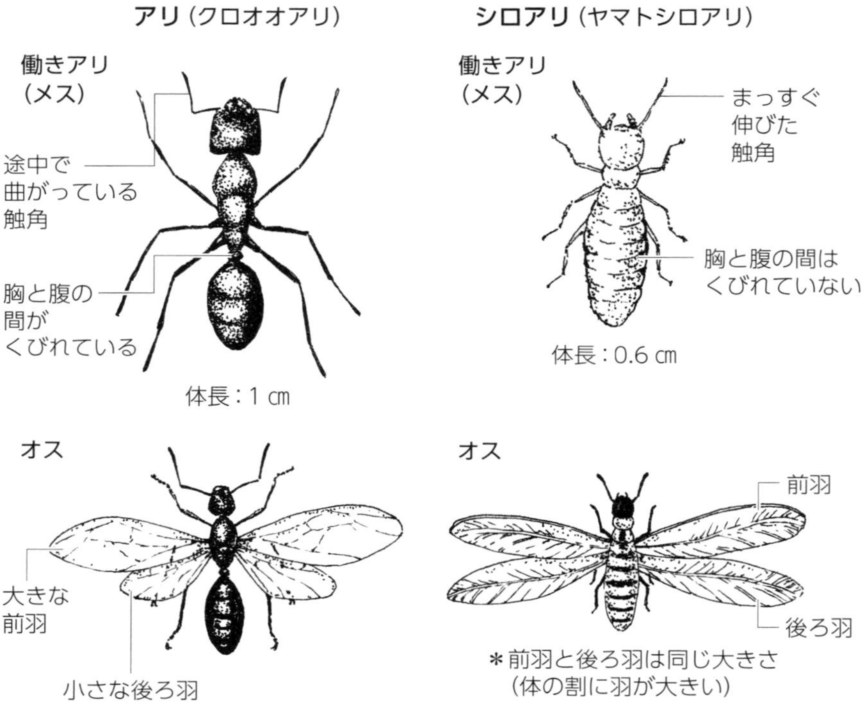

アリ（クロオオアリ）

働きアリ
（メス）

途中で
曲がっている
触角

胸と腹の
間が
くびれている

体長：1 ㎝

シロアリ（ヤマトシロアリ）

働きアリ
（メス）

まっすぐ
伸びた
触角

胸と腹の間は
くびれていない

体長：0.6 ㎝

オス

大きな
前羽

小さな後ろ羽

オス

前羽

後ろ羽

＊前羽と後ろ羽は同じ大きさ
（体の割に羽が大きい）

　アリとシロアリは女王を中心に集団生活をするところや、その名前から混同されがちです。しかし類縁関係はなく、アリはハチの仲間（膜翅目）の昆虫ですが、シロアリはゴキブリに近縁な昆虫（等翅目）です。

　アリは胸と腹の境界が著しく細くくびれている姿から、羽が退化したハチの仲間であることがわかります。ある種類のハチが空中生活を止めて、土の中で生活するようになったものと考えられています。

　アリという名前は「歩く」の古語「歩く」に由来します。名前にたがわず、夏のうだるような暑さのなかでも、休むことなく歩きまわってひたすら餌を探しています。『イソップ物語』ではアリは勤勉な働き者で、キリギリスは将来

のことも考えず遊びほうけているというキャラです。あとになって途方に暮れるキリギリス……として描写されていますが、最近ではこの話も変わってしまい、《北風が吹きはじめた頃、腹ペコ状態のキリギリスは食べ物を分けてもらおうとアリさんの家を訪ねました。ノックしても返事がありません。不審に思ったキリギリスさんがそっとドアを開けてみると、休みもとらずひたすら働きつづけたアリさんは全員過労死していました。キリギリスは労せずして大量の食べ物を得ることになりました。》

アリの交尾は空中高くで行われ、オスの数はメスの10倍ほどもいるので、メスにめぐりあえず、あぶれてしまうオスが数多く出ます。これがいわゆる「羽アリ」です。

シロアリも春に結婚飛行しますが、オスとメスの比は1：1でオスがあぶれるなんてことはありません。アリが女王中心の社会生活を営むのに対して、シロアリの巣にはいつも女王と王がいて交尾を行って産卵します。

アリではメスの成虫が、シロアリでは成長を止めた雌雄の幼虫がワーカーや兵隊として働きます。つまりアリは大人が働きますが、シロアリは子どもが働いています。

日本には16種類ものシロアリがいますが、そのうち駆除の対象となっているのはヤマトシロアリ（国内全域に分布）とイエシロアリ（九州～四国に分布）です。したがって九州と四国には両種とも生息しています。

アリは雑食性ですが、シロアリは木材（セルロース）を食べる偏食家です。一般家屋でシロアリの存在に気づくのは、有翅虫（羽アリ）の出現によってです。4月から6月頃に見られるシロアリの羽アリは、前羽と後ろ羽の大きさが同じであることで区別できます。羽がある状態で、体や羽が黒っぽければヤマトシロアリ、黄色っぽければイエシロアリです。地上に降りるとすぐに羽は抜け落ちてしまいます。シロアリによる家屋の被害で始末が悪いのは、木材の内部だけを侵食し、外部はまったく変化がないことです。

アリの幼虫はウジ虫状態ですが、シロアリは卵からかえるともう小型のシロアリそのもので、さっそく木材をかじりはじめます。シロアリの害を防ぐためには、通風と乾燥を心がけることです。

ゲンジボタル と ヘイケボタル

ゲンジボタル

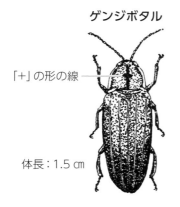

「+」の形の線 ———

体長：1.5 ㎝

ヘイケボタル

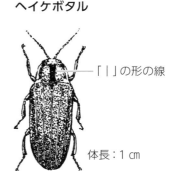

——— 「｜」の形の線

体長：1 ㎝

　日本には46種類のホタルがいますが、そのうちの約半数が発光します。つまり、半数はホタルでありながら光らないということです。また発光するものでも、数種を除いては光が弱いために、光っていても気づかないほどです。

　強い光を放ち、ふつう私たちがホタルとよんでいるのは、ゲンジボタル（源氏蛍）とヘイケボタル（平家蛍）です。幼虫が水の中で生活するのもこの2種類だけで、これは世界的にもめずらしい習性です。世界には約2000種類のホタルがいますが、その大部分は湿ったコケの上など陸上で暮らしていて、幼虫はカタツムリなどを食べて育ちます。

　ゲンジボタルやヘイケボタルの卵は、川面に突き出た岩の上のコケや樹木の幹の下面などに産みつけられます。ふ化した幼虫（黒っぽいイモ虫状）は落下して川の中に入ります。そしてゲンジボタルはカワニナを、ヘイケボタルはモノアラガイなどの貝を1年間にわたって食べます（正確にいうと、貝の身を消化液で溶かして食べます）。成虫になると昼間は草むらにひっそりと隠れていて、夜になると活動します。成虫はせいぜい露を吸うくらいで何も食べません。したがって寿命は短く1週間ほどです。

　ゲンジボタルは、北海道を除くほぼ全国に分布しています。きれいな水が流れている川などにすんでいて、体が大きく、頭の下のところに黒い「十字マー

ク」があります。ゲンジボタルの学名 *cruciata* は十字架（クラクス crux）に由来します。青白くゆっくり光りますが、発光について調べた結果では、**ゲンジボタル**のオスが点滅する間隔は東日本型と西日本型とに二分されます。東日本にすんでいるものは「のんびり型」で、約4秒間隔でピカ〜・ピカ〜と点滅しますが、西日本にすんでいるものは「せっかち型」で約2秒間隔でピカッ・ピカッと点滅します。人間もどちらかというと東北人は「のんびり型」、関西人や九州の人は「せっかち型」です。偶然の一致なのでしょうが。

　ヘイケボタルは、水田や用水路、池沼など止水域にすんでいて、体がひとまわり小さく、頭の下のところの黒い線は「縦にまっすぐ」です。ゲンジボタルにくらべて発光も弱いことから、**ヘイケボタル**と名付けられました。赤っぽい光を放ち、自動車の方向指示器のようにせわしく点滅をくり返します（約0.5〜1秒間隔）。こちらは北海道にもいて、ほぼ日本全国にすんでいますが、点滅する間隔の地域差はありません。

　ゲンジボタルは一斉に羽化して光りはじめますが、**ヘイケボタル**は羽化する時期がばらばらです。したがってホタルが乱舞するいわゆる「ホタルの名所」といわれているところにいるのは、だいたい**ゲンジボタル**のほうです。デパートなどで売られているものもほとんどが**ゲンジボタル**です。

　ホタルのホは「炎」、タルは「照る」の意ですが、語源としては「火垂る」「星垂る」など諸説あります。「恋に焦がれて鳴くセミよりも、鳴かぬホタルが身を焦がす」といわれますが、ホタルの光は「冷光」といって熱くはないので「ホタルが身を焦がす」ことはありません。

源氏と平氏にちなんだ生きもの

　ホタル以外にも源氏と平家の名を冠せられた生物がいます。カニでは**ヘイケガニ**、植物では**ゲンジスミレ**などです。魚では**クマガイウオ**と**アツモリウオ**があります。前者は源氏の熊谷直実、後者は平家の平敦盛にちなんだものです。植物でもランの仲間で**クマガイソウ**と**アツモリソウ**とがあります。平清盛の別名は浄海坊ですが、**ジョウカイボン**と名付けられた甲虫もいます。

オウムとインコ

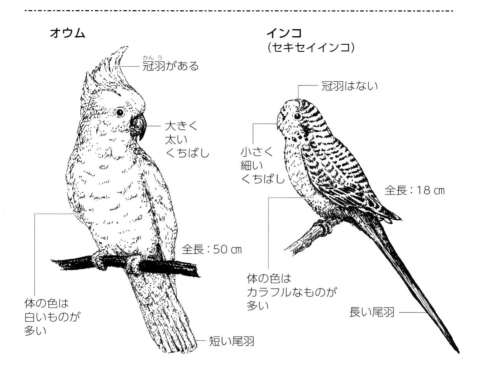

オウム
- 冠羽がある
- 大きく太いくちばし
- 全長：50 ㎝
- 体の色は白いものが多い
- 短い尾羽

インコ（セキセイインコ）
- 冠羽はない
- 小さく細いくちばし
- 全長：18 ㎝
- 体の色はカラフルなものが多い
- 長い尾羽

　オウムもインコも人の言葉やほかの動物の声をまねるのが得意です。鳥類の発声器官は鳴管とよばれ、オウムやインコ、そのほか九官鳥などは鳴管が発達しています。さらに、ふつうの鳥の舌は小さくて硬いのですが、これらの鳥の舌は大きくて肉質です。そのため、ほかの鳥にくらべて格段にうまく発音することができます。一般に、鳥はオスがメスへの求愛のために歌をうたいます。そのためオスのほうがおしゃべり上手です。

　原産地は両者とも、フィリピン諸島、ニューギニア、オーストラリアのような暖かい地方です（「富士山麓オウム鳴く」なんていうことはありません）。

　両者とも丈夫で人に馴れやすく形や色が美しいので、観賞用として世界中で飼われています。口まねだけでなく、教えればお辞儀をしたり、片足を上げて

握手をしたりする芸もできるようになります。両者の口元を見てみると、上くちばしは下向きに曲がっていて、硬いものを割るのに適しています。くちばしのつけ根には•ろ•う•膜という突起があります。

　足の指はふつうの鳥は前に3本、後ろに1本ですが、**オウム**や**インコ**では前後ともに2本ずつです。そのため木の枝をしっかりとつかむことができます。ためしに人差し指を**セキセイインコ**の指ににぎらせてみると、かなりの力ではさみつけられることになります。

　また鳥の多くが両足をそろえてピョンピョンと軽く跳びはねるようにして歩くのに対し、**オウム**や**インコ**は人間と同じように左右の足を交互に出して歩きます。

　オウムの羽毛は白や褐色（かっしょく）で、頭上には冠羽（かんう）（とさかのような羽）があり、ふつう短い尾羽をしています。体の大きいものが多く（大きいものは体長50㎝以上）、それだけに飛び方は力強く、甲高（かんだか）い叫び声のような声をあげます。

　オウムというのは漢語の「鸚鵡」をそのまま読んだものです。**オウム**の名はすでに『日本書紀』（720年）に見られます。『枕草子（まくらのそうし）』にも「人の言ふらむことをまねぶらん」とあります。「オウム返し」という言葉がありますが、本来は相手が詠（よ）んだ和歌の一部の言葉を変えて、直（ただ）ちに返歌することをいっていました。現在のような「相手の言ったことをそのまま言う」との意味で使われるようになったのは江戸時代のことだそうです。

　インコは体が小さく、赤や黄色の美しい羽毛のものが多くカラフルです。頭上に冠羽がなく、長い尾羽をもっています。**インコ**も漢語の「鸚哥」をそのまま読んだものです。もっとも身近なインコである**セキセイインコ**は「背黄青（せきせい）インコ」と記されるように、野生のものは背中が黄色と青色です。原産地のオーストラリアでは2000〜3000羽もの大群で飛んでいます。1840年にイギリス人の画家が母国にもちかえったところ、またたく間に人気者となりペットとして羨望（せんぼう）の的になりました。その後、品種改良が進み、現在では300種以上もの品種がつくられています。日本への初見参は1914年です。

　イメージとしては、外国映画で海賊の船長の肩に乗っているのがオウムで、かわいい子どもの肩に止まっているのがインコです。

フクロウとミミズク

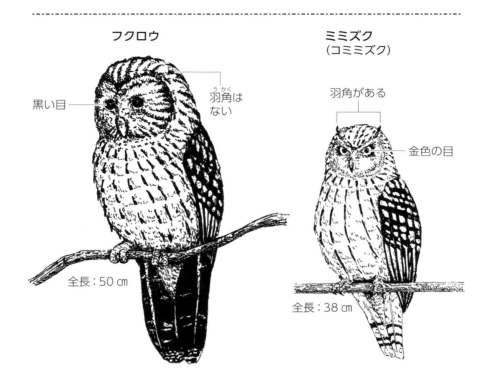

フクロウ

黒い目 —

羽角は
ない

ミミズク
(コミミズク)

羽角がある

— 金色の目

全長：50 ㎝

全長：38 ㎝

　分類学的には**フクロウ**と**ミミズク**の区別はありません。一般的にフクロウの仲間のうち、羽角のない大型の種類を**フクロウ**、羽角がある小型の種類を**ミミズク**とよんでいます。羽角は一種の飾り羽でしかなく、その役割についてはわかっていません。実際の耳（の穴）は羽角の位置よりずっと下、目の後方にあります。

　フクロウ類は夜行性の鳥です。鳥類はほとんどが昼行性で、夜行性のものはめずらしく、鳥類全体のわずか3％しかいません。フクロウ類は夜目がきき、月明かりの下、大きな目であたりを見渡しています。しかし獲物をとるときには、視覚よりもむしろ聴覚に頼っています。フクロウ類の聴覚はきわめて高性

能で、月明かりのない漆黒の闇の中でも、ネズミが餌を求めて枯れ葉の上を歩くときの、カサカサというかすかな音ですら聞きのがしません。耳の穴の位置は左右で上下方向に少しずれていて、音の方向をとらえるのに都合よくなっています。羽毛の表面には細かい毛がびっしりと生えていて、はばたく音を吸収するので相手に気づかれずに襲いかかることができます。

　フクロウ（梟）は野ネズミを主食としますが、小鳥なども食べます。人里近くの山林にすんでいて、「ホウー、ホウー」と筒を「吹く」ように鳴くところから「フクロウ」と名付けられました。英名のowlも鳴き声からです。

　ミミズク（木菟）のズクとは、足がウサギ（兎）の足に似ていることからで、フクロウの仲間の総称です。耳（羽角）があるズクということから「ミミズク」と名付けられました。

　冬に日本に渡ってくる**コミミズク**は、「小さな体のミミズク」ではなく、「小さな耳（羽角）のミミズク」という意味で「小耳木菟」と書きます。**コミミズク**はシベリアから渡ってきて、平地の河川敷、草原、田畑など広々とした枯れ野にすんでいます。

チョウだけどフクロウ!?　ミミズクだけど虫!?

　フクロウチョウという中南米や南米にすむ昆虫がいます。頭側を下にして見たときの羽の目玉模様がフクロウの顔に見えることからの命名です。

　ミミズクという名前の昆虫は、頭部にある1対の耳状突起が、鳥のミミズクに似ていることから名付けられました。**コミミズク**もいますが鳥のコミミズクとはちがい、こちらは体が小さいからです。

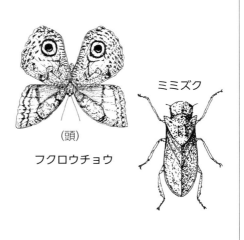

（頭）

フクロウチョウ

ミミズク

ツル と サギ

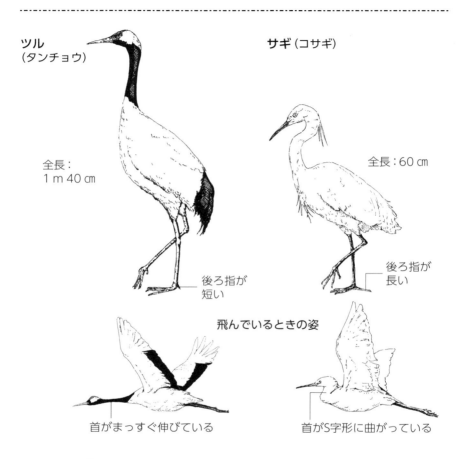

ツル
（タンチョウ）

サギ（コサギ）

全長：
1 m 40 ㎝

全長：60 ㎝

後ろ指が
短い

後ろ指が
長い

飛んでいるときの姿

首がまっすぐ伸びている

首がS字形に曲がっている

　ツルもサギも、川や池、沼、湿原などに群れで生活しており、長いくちばしで貝やザリガニ、魚、あるいは草などを食べます。餌をとるときに水につからないように尾羽は短く、陸上で翼をたたんでいるときには尾羽が長い翼に隠れてしまいます。また、両者とも長い首が特徴です。しかしよく見るとツルの首はまっすぐに伸びていますが、サギではS字形に曲がっています。この特徴は飛んでいるときに顕著に現れます。

ツル（鶴）はツル科の鳥の総称で、首や足が長く、姿が美しい大型の鳥です。昔から縁起のよい鳥とされており、JAL（日本航空）のシンボルマークにもなっています。甲高い声で鳴き「ツルの一声」などといわれますが、実際には鳴き出すとなかなか止まりません。

　襖絵や掛け軸などにツルが松の木の枝に止まっている姿が描かれていますが、ツルは木に止まることはありません。指の構造からして（後ろ指が短いので）枝に止まろうとしても、ツルッと滑ってしまいます。巣も地上につくります。ツルとちがい、サギは木の上に止まるし、巣も木の上につくります。襖絵や掛け軸などで松の木や枝に止まっているツルを見ますが、あれは「詐欺」で、本来ならサギの図を描くべきです。

　ツルという名前は「連なる」が転じたものです。たしかにツルは20羽、30羽と群れて（つるんで）います。土木工事などで使われるツルハシという道具は「ツル（のくち）ばし」から、箸も「（ツルのくち）ばし」からヒントを得てつくられたものといわれています。3世紀の日本人の習慣を記した『魏志倭人伝』には、当時の日本人が手づかみで食事をしていたことが記されています。ツルがいなかったら、いまだに私たちは手づかみで食事をしていたかも……？

　サギ（鷺）はサギ科の鳥の総称です。日本にいるサギは19種類で、大きさは大小さまざまです。ほとんどのサギは水辺で生活し、魚やカエル、ザリガニ、昆虫などを捕まえて食べます。繁殖地は「サギ山」といわれ、集団で林や竹藪などで卵を産んでひなを育てます。そのときは非常に騒々しく、昔は騒がしいことを「さやぎ」といっていましたが、名前はこれに由来します。漢字で「鷺」と書くのは、この鳥が飛びたったあとには露が残されているという言い伝えからです。

「雪に白鷺」という言葉があります。目立たないことのたとえの「闇夜のカラス」と同じ意味です。「サギをカラスと言いくるめる」のように、サギというと白いというイメージがあります。しかし世界のサギ類のなかには白くないもののほうが多く、日本にもクロサギという全身黒っぽいサギがいるくらいです。そのほか、紫サギ、蒼サギ、亜麻サギなど、髪の毛と同じくらいのカラー・バリエーションが取りそろっています。

　なお、ワカサギ（若鷺）は若いサギではありません。魚です。

カモメ と ウミネコ

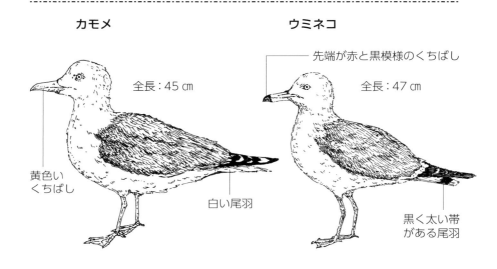

カモメ

全長：45 ㎝

黄色い
くちばし

白い尾羽

ウミネコ

先端が赤と黒模様のくちばし

全長：47 ㎝

黒く太い帯
がある尾羽

　カモメも**ウミネコ**もカモメ科の海鳥で、大きさもほとんど同じくらいです。日本の沿岸で見られるカモメ科の鳥は13種類いますが、**カモメ**を筆頭にセグロカモメやユリカモメのように、○○カモメと名付けられています。ただ、1種類だけカモメを名乗らないカモメがいます。それが**ウミネコ**です。

　カモメも**ウミネコ**も背中が灰色で、腹部は白く美しい鳥です。くちばしの先はカギ状に曲がっています。そのくちばしを見てみると、**カモメ**は全面黄色ですが、**ウミネコ**では先端に赤と黒の模様があります。尾羽は**カモメ**では全面まっ白ですが、**ウミネコ**の尾羽には黒くて太い帯があります。この帯は飛んでいるときによく目立ちます。英名は black-tailed gull（黒い尾のカモメ）で、gull は鳴き声からです。

　両者とも翼は長く、長距離飛行も可能ですが、あまり沖合いには行かず、どちらかというと沿岸にいる鳥です。海岸近くの杭やテトラポッドなどにずらっと並んでいる姿（♪かもめの水兵さん、並んだ水兵さん♪）や、水面に（♪チャップチャップ♪）浮かんで波に乗っている姿をよく見かけます。

　餌を求めて海へ飛びたち、水面近くを泳いでいる魚や水面上に浮いている魚の死体などを、先の曲がったくちばしでひょいとくわえて食べます。食物を足でつかんで拾いあげることがないのは、足には水かきがあるからです。

　北国の漁師たちはカモメ科の鳥を、「ゴメ」とよんで親しんでいます。彼らは水に潜ることはなく、せいぜい水面付近を泳いでいる魚しかとれません。そこでカモメ科の鳥が乱舞しているところは、魚が水面近くまでいるような魚群の証であり、漁師はその場所へ船を急行させます。

　童謡になっていることからもわかるように、**カモメ**（鷗）は海鳥のなかではもっともポピュラーな鳥です。彼らはシベリア近辺から冬に日本に渡ってきて、港や河口に群れをなして生活します。

　カモメの若鳥には褐色のまだらがあり、これを「籠の目」の模様に見立て「カモメ」と名付けられたとも、あるいは小さい「カモ」のようであることから、ツバメ、スズメと同じ小鳥を表す接尾語「メ」を加えて「カモメ」と名付けられたともいわれています。

　ウミネコ（海猫）は「ニャオー、ニャオー」とネコにそっくりな声で鳴きます。**ウミネコ**は海岸や周辺の草地に枯れ草などで簡単な巣をつくって、集団で繁殖します。世界中で唯一日本とその周辺の地域だけに繁殖している鳥です。そのため繁殖地の多くは天然記念物に指定されています。青森県蕪島、岩手県椿島、島根県経島などの繁殖地が特に有名です。

「ミヤコドリ」ではない!?
都の鳥　ユリカモメ

　ユリカモメ（百合鷗）は日本には冬鳥として飛来します。**ユリカモメ**は別名「ミヤコドリ（都鳥）」とよばれ、東京都の鳥（都鳥）となっています。しかしミヤコドリという別種の鳥がいて、混乱してしまいます。つまり、東京都の鳥（都鳥）は「ミヤコドリ」なのですが、ミヤコドリではなく、「ミヤコドリとよばれている鳥」というややこしさです。

ワシとタカ

ワシ（イヌワシ）　　　　　　　　　　　　タカ（オオタカ）

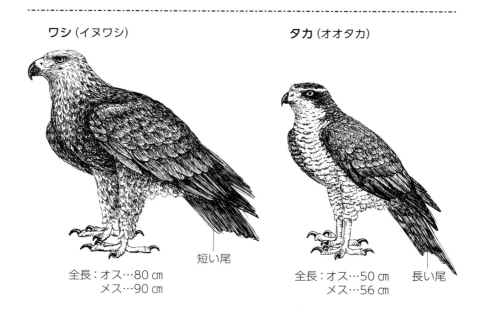

短い尾

全長：オス…80 ㎝
　　　メス…90 ㎝

長い尾

全長：オス…50 ㎝
　　　メス…56 ㎝

　ワシもタカもともにワシタカ科に属していて、くちばしが鋭く、先はカギ状に曲がっています。鋭い目つきでにらむように周囲を見渡します。目つきの鋭いことを表す英単語にはふたつあります。eagle-eyed（ワシの目）と hawk-eyed（タカの目）です。ワシタカ科に属する鳥のなかで一般に大型のものを「ワシ」、中・小型のものを「タカ」とよんでいます。しかしワシとタカの区別は分類学的なものではなく便宜的なものです。

　ワシ（鷲）は体や翼が大きく、尾は短めです。勇猛で「鳥類の王者」とよばれます。特にイヌワシは翼を広げると端から端まで２ｍもあり、日本でもっとも大きなワシです。天狗伝説のモデルになったのはイヌワシで、「犬鷲」ではなく「狗鷲」と書きます。

　ワシという名前の由来は、輪を描いて飛んでいる状態「輪の如し」からです。ちなみに、自分のことを「わし」という人もいますが、鳥のワシとはなんら関係ありません。漢字では「儂」と書きます。

　タカ（鷹）は体がやや小さく、尾は長めで、腹部には細かい黄斑があります。オオタカは昔から鷹狩用のタカとして使われてきました。精悍な顔つきと典型的な黄斑模様から絵に描かれることも多く、屏風や襖絵などに描かれているタカの絵はオオタカと思ってまちがいありません。それもメスです。鳥類では一般に動きの速い動物を餌とするものほど、メスのほうが体が大きい傾向があります。タカ類もメスが大きく、力強いのが特徴です。爪も鋭く、飛翔力も優っています。そこで、鷹狩にはメスが用いられます。

　タカという名前は「猛」が転じたものです。「猛々しい」や「勇猛」といった言葉も、メスのタカを見てつくられた言葉です。

　ワシやタカは大きな翼を広げ、悠然と大空を舞っているように見えます。そのようすから「鷹揚」という言葉も生まれました。しかし実際には、餌になる動物を必死で（ウの目タカの目で）探しているのです。そしてウサギやネズミ、小鳥などの獲物を見つけるやいなや、翼をたたんで矢のように急降下して鋭い爪のある大きな足で獲物を「鷲づかみ」して、再び空へ舞いあがっていきます。

　もし巨大なワシやタカがいて人間が襲われたら、そのときの痛みと恐怖ははかりしれないものがあります。背中には鋭い爪が食いこみ、どんどん上空へもちあげられ、眼下に見える家々が見る見る小さくなり、不安と絶望とが交錯。頭は完全にパニック。さらに彼らは上空で手（足）を放すこともあります。これは途中でもちかえるのをやめたのではなく、繁殖期にはオスは捕まえた獲物を空中でメスにプレゼントするのですが、その際オスはメスに手渡すのではなく、まるでサーカスの空中ブランコのように近づいてきたメスの前で獲物を放すのです。「ひぇ〜」とまっさかさまに落下していくことになりますが、それをメスはうまい具合に、これまた鋭い爪をぐさりと突きたてて、空中で見事にキャッチします。耐えられません。

　ところで「能ある鷹は爪を隠す」といいますが、鳥の爪はネコのように時に応じて出し入れすることはできません。いつもこれ見よがしに鋭い爪を見せびらかしています。ことわざどおりに解釈すれば、能ある鷹はいないことになります。

ニホンキジ と コウライキジ

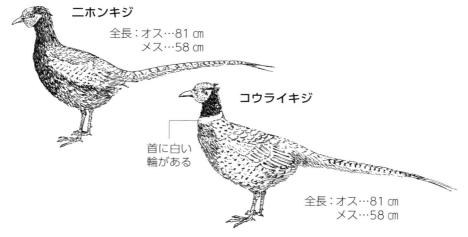

ニホンキジ

全長：オス…81 ㎝
メス…58 ㎝

コウライキジ

首に白い
輪がある

全長：オス…81 ㎝
メス…58 ㎝

　ニホンキジ（日本雉）は言わずと知れた日本の国鳥です。おとぎ話の『桃太郎』にも登場し、旧1万円札の裏にも描かれていました。おとぎ話ではキビダンゴにつられて桃太郎の家来になりますが、キジはキビダンゴは食べません。

　ニホンキジは本州から九州にかけての山里の草地にすみ、オスはケーン、ケーンと大きな声で鳴きます。鳴いたあと翼を激しくはばたかせます。これが不愛想でそっけなく聞こえることから「けんもほろろ」という言葉が生まれました（「けん」は鳴き声、「ほろろ」は羽音）。「キジも鳴かずば撃たれまい」といわれますが、鳴くのはオスで、縄張り宣言をしてほかのライバル（オス）に警告を発しているのです。キジの縄張りは1ヘクタールほどもあるので、大きな声で鳴かなければ警告音の効果がありません。

　また、「頭隠して尻隠さず」ということわざは、キジの長い尾に由来します。

　コウライキジ（高麗雉）は朝鮮、中国の原産で、日本では古くから対馬にすんでいた近縁亜種です。1930年頃より北海道などに狩猟目的で放鳥されました。首に白い輪がある（英名は ring-necked pheasant）のでかんたんに識別できます。習性、生態はニホンキジと非常に似ています。

首の回る生きもの、回らない生きもの

　一般に、鳥類の首はやたらと回ります。首を180度回して後ろ羽の手入れをしている鳥の姿をよく目にします。人間にはこんな器用なことはできません（朝礼のときや授業中、後ろの生徒と話をしている生徒がいますが、その際、せいぜい首を横に向けている程度で、首を真後ろに向けている生徒は見たことがありません。あるいは恋人同士が、お互い背中合わせのままキスをしている姿も見たことがありません）。

　鳥の首はよく回るのに、人間の首はなぜそんなに曲がらないのでしょうか？それは骨の数がちがうからです。人間（というか、哺乳類）の首の骨の数は7個です。首の長い**キリン**の首も7個しかありません（ただし1個の骨がやたらと長い）。それに引きかえ、鳥の首の骨は10個以上もあります。**フクロウ**の場合は14個もあります。それらをねじることで首をスムーズに回すことができるのです。というのも、**フクロウ**の目はやたらと大きく、頭蓋骨の中にみっちりと詰まっているので、目をキョロキョロ動かすことができません。そこで目が動かせないかわりに、首を左右に270度ほどひねることでカバーしているのです。

　先述したように、哺乳類の首の骨（頸椎といいます）の数は一般的に7個ですが、例外もあります。**ナマケモノ**（ミツユビナマケモノ）の首の骨は9個あるため、あまり動かなくとも、首をちょこっとひねるだけでまわりの葉などを食べることができます。

　また、首を回すかわりに、目を動かすことで視界を広げた動物がいます。**カメレオン**（ジャクソンカメレオン）は突き出たふたつの目を別々に動かして、360度見渡すことができます。わざわざ首を動かさなくても、後ろまで見えるというのは便利です。潜水艦の潜望鏡のようなものです。

　借金などでどうにもやりくりがつかないことを「首が回らない」といいますが、このような状態にならないことを願って、フクロウやナマケモノの置き物を店に飾っておくのはいかがでしょうか。

アヒル と ガチョウ

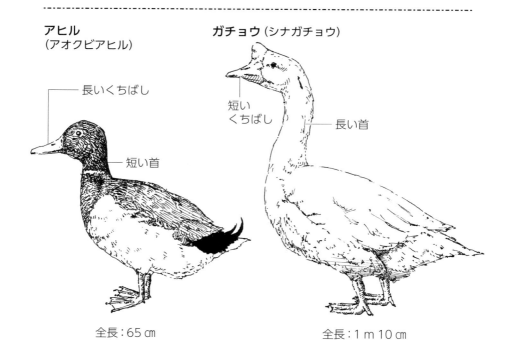

アヒル
（アオクビアヒル）

長いくちばし

短い首

全長：65 ㎝

ガチョウ（シナガチョウ）

短い
くちばし

長い首

全長：1 m 10 ㎝

　アヒルもガチョウも野鳥を品種改良したもので、おもにヨーロッパと中国で多くの品種がつくられました。
　家禽化（家畜のなかで鶏や鶉など鳥類の場合は、家禽とよばれます）されるにつれて体は肥大化し、翼は小さくなってほとんど飛ぶことができなくなってしまっています。巣をつくることすらしません。ブタはイノシシを家畜化したものですが、ブタの顔はイノシシの顔に比べて小さいのが特徴です。
　アヒルは漢字で「家鴨」と書くことでもわかるように、野生のカモ（マガモ）を品種改良したものです。くちばしは平たく、横には多数のギザギザがあります。そのため水中でとらえたドジョウなどを逃すことはありません。足は体のほぼ中央についているため、体のバランスをとりやすく、陸上でも自由に

歩くことができます。しかし足が短いくせに大股で歩こうとするので、極端にお尻が揺れます。ディズニーのドナルドダックを見るとわかるように、歩いている姿はユーモラスです。足には水かきがありますが、その水かきが大きくて広いことから「足広」、これが転じて「アヒル」とよばれるようになりました。

　ガチョウ（鵞鳥）はガンを品種改良したものです。ヨーロッパのガチョウはハイイロガンを、中国のガチョウはサカツラガン（くちばしの基部にこぶがある）を改良したものです。公園などで飼われている頭の上に角質のこぶがある白色のガチョウは、シナガチョウです。

　ガチョウの体はアヒルよりずっと大きく、くちばしはやや短く、羽はやわらかくて量もたくさんあります。人によく馴れ、知らない人に対しては首を下げて大きな鳴き声をあげるため、番犬がわりにもなります。ガチョウの名前の由来は「ガァー、ガァー」という鳴き声からです。

　アヒルの肉はペキンダックとして、また卵はピータンとなって美食家の胃に納まります。ガチョウの肥大した肝臓をフォアグラ（フランス語。Foie「肝臓」・gras「肥満した」）といい、トリュフ、キャビアと並んで世界三大珍味のひとつとされています。

　しかしその実体は、脂肪を添加した蒸しトウモロコシを、漏斗を使ってガチョウの胃に無理やり流しこむことで、栄養過多により肥大化してしまった肝臓です。そのいわば病気の肝臓（脂肪肝）がフォアグラです。

　前記したペキンダックにしても、餌を強制的に食べさせ、暗くて狭い場所に閉じこめて運動させないで肥育させたものです。

　両者とも肉や卵のほか、羽は羽布団の材料としても利用されています。

ガンとカモ

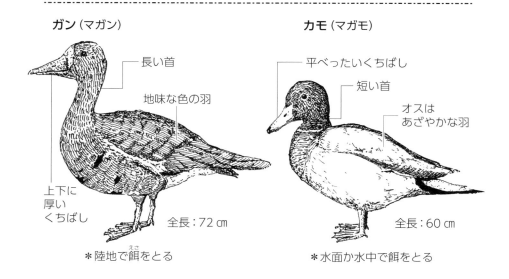

ガン（マガン）

― 長い首

地味な色の羽

上下に
厚い
くちばし

全長：72 cm

＊陸地で餌をとる

カモ（マガモ）

― 平べったいくちばし

― 短い首

オスは
あざやかな羽

全長：60 cm

＊水面か水中で餌をとる

　ガンもカモも多くは群れで生活しています。足は短く、水かきがよく発達していて歩行は不得手です。

　ガンは一般的に大型で長い首をもっています。雌雄同色で、つがいの結びつきが強く、一方が死ぬまでつがい関係は維持されます。日本へは秋にシベリアから、マガン（真雁）、ヒシクイ（菱食。菱の実を好んで食べるから。菱＝「菱形」の語源となった水草）などが渡ってきて、湖沼や水田などでひと冬を過ごします。ふつう私たちがガンとよんでいるのはこの２種類です。

　夕暮れ時の空を背景に飛ぶ姿は、古くから晩秋の風物詩として親しまれてきました。空を見上げて子どもたちは「竿になれ！　鉤になれ！」と大声でよびかけたものです。竿とは直線で、鉤はＶ字形です。もっとも、ガンがリクエストにこたえて飛んでいる姿を変えて、子どもたちにサービスするなんてことはありません。「雁字搦め」というのは、ガンが一文字形に動きがとれないほど列をなして飛ぶようすからです。

　ガンは体の大きいこともあって狩猟の対象となっていましたが、1971年に

天然記念物に指定され、保護鳥になりました。ずっとガンは gun（銃）に怯えてきましたが、これで安心して「ガンバック（カムバック）」できるようになったという次第です。現在ではガンの肉は、ガンモドキにその味を残すのみです。

　ガン（雁）という名前は「グワン」と聞こえる鳴き声に由来します。雁はガンの別称です。江戸時代には「カリ」が雅語で、「ガン」は俗語という使いわけがされていました。また「カリガネ」といったら、ガンの鳴き声（雁が声）のことですが、実際に**カリガネ**というガンもおり、時折マガンの群れに交じって渡来することがあります。どのような鳴き声か知りませんが、**カリガネ**の鳴き声こそ正真正銘の「雁が音」である、と言いたいところです。ただ、カリガネは漢字では「雁金」と書きます。

　カモは日中は安全な池や沼で休息し、夕刻になると水田地帯や湿地などに出向いて穀類や種子、野草などを食べます。オスはきらびやかな羽毛をもち（カルガモは例外）、つがいの結びつきは強くありません。**カモ**としてよく知られている**オシドリ**は、夫婦の片方がとらえられると残されたほうは嘆き悲しみ、ついには思い焦がれて死んでしまうので「思い死ぬ鳥」から**オシドリ**と名付けられたとも、雌雄が相思相愛の鳥であることから「ヲシ（愛）鳥」と名付けられたともいわれています。しかしこれは人間の勝手な思いこみでしかありません。**オシドリ**は毎年新しい相手とつがいを形成するので、私たちが見るのは新婚早々のカップルばかりです。どうりで仲がいいはずです。

　カモの仲間は雑種を見かける割合が多いのが特徴です。**アイガモ**（合鴨）は野生のマガモ（オス）と家禽のアヒル（メス）との雑種です。アイガモはちょっと見ただけではマガモと区別がつきません。飛翔も可能です。最近では有機農業の場で水田の雑草取りとして活躍しています。**アイガモ**の肉はうどん屋の「鴨南蛮」に使われます。また野生状態でもマガモとカルガモの雑種も多く見られ、**マルガモ**とよばれます。

「カモにする」とか「カモが葱をしょってきた」など、カモはあまりいい意味では使われません。これは**カモ**が捕まえやすく、かんたんに手に入れることができる鳥であったことから派生した言葉です。**カモ**は現在でもマガモやカルガモなど種類によっては狩猟の対象となっています。**カモ**という名前は、「（水面に浮）かぶ（鳥）」が転訛したものです。

ハシブトガラス と ハシボソガラス

鳥

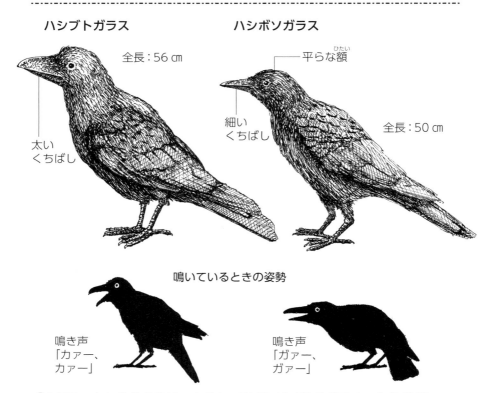

ハシブトガラス

全長：56 ㎝

太い
くちばし

ハシボソガラス

平らな額 (ひたい)

細い
くちばし

全長：50 ㎝

鳴いているときの姿勢

鳴き声
「カァァー、
カァー」

鳴き声
「ガァァー、
ガァー」

「**カラス**」という名の鳥はいません。正式には「○○ガラス」と必ず頭について
おり、しかも、日本で見られる６種類のカラスにはすべて○○ガラスと濁点
がつきます。○○のところに入るもっとも一般的なものが、ハシブトとハシボ
ソです。ハシというのは「くちばし（嘴）」のことで、くちばしの太いカラス
（嘴太ガラス）と、細いカラス（嘴細ガラス）です。

　漢字では「烏」と書きますが、鳥とはいえ体が真っ黒で白くないことからこ
の漢字となっています。両者とも繁殖期にはカップルで行動しますが、それ以
外は小群で行動し、夜は大群（烏合 (うごう) の衆）となって樹木などをねぐらとします。
「誰かカラスの雌雄 (しゆう) を知らんや」といわれますが、鳥類学者も答えは「？」です。

ハシブトガラスは、もともと南方のジャングルにすんでいました。英名は
jungle crow（ジャングルガラス）です。ジャングルにすんでいただけに日本で
も森林地帯やビルを樹木と見ているのでしょうか、高層ビル群の林立するとこ
ろにすんでいます。雑食性で人が食べるものなら何でも食べます。早朝、都市
部の生ゴミをあさったり、日中の公園でゴミ箱をあさったりしているのはこち
らです。いまやすっかり「シティー派」になっています。額が出っぱっていて、
鳴き声は「カァー、カァー」と澄んだ声です。

ハシボソガラスは、もともと北方の草原地帯で生活していました。草原型で
すので、日本でも田園地帯や見通しのいい農村地帯にすんでいます。いわゆる
「カントリー派」です。こちらも雑食性で何でも食べるといってもよいほどで
すが、ハシブトガラスにくらべて人に依存することが少なく、畑で虫を採った
りします。どちらかというと植物食的傾向が強いのですが、どういうわけか英
名はcarrion crow（腐肉を食べるカラス）です。額は平らで、鳴くときには尾
羽を広げて、絞り出すような濁声で「ガァー、ガァー」と鳴きます。

童謡「七つの子」では、♪カラスは山に　かわいい七つの子があるからよ♪
と歌われていますが、カラスはふ化したのち5週間ほどで巣立ちするので「7
歳」の子どもという意味でもないし、卵は3〜4個しか産まないので「7羽」の
子どもでもありません。「七つの子」とはいったい何なのでしょうか。作詞者
は野口雨情。茨城県で回船問屋を代々営む名家の出で、現在も生家は残って
います。

日本サッカー・リーグのシンボルマークは八咫烏で、神の使いとされる3本
足のカラスです。

魚にも「カラス」がいる!?

　「カラス」という魚がいます。フグ科の魚
でトラフグに似ていますが、尻びれが黒い
ことからの命名です。トラフグの代用とし
てフグ料理にもなっています。それにして
も「カラス」を食べていたとは！

全長：50㎝

ウズラ と コジュケイ

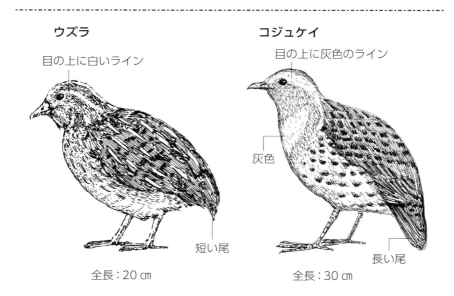

ウズラ
目の上に白いライン
短い尾
全長：20 cm

コジュケイ
目の上に灰色のライン
灰色
長い尾
全長：30 cm

　ウズラも**コジュケイ**もキジ科に属する鳥です。両者をくらべると、**ウズラ**は体が小さく、尾も短いのですが、**コジュケイ**は体が大きく、長い尾が目立ちます。

　ウズラは丸みをおびた体つきの鳥で、草丈の低い草原にすんでいます。歩きながら草の実や穀類、あるいは昆虫などを食べます。体の色は褐色で保護色となっているので姿を見るのが難しい鳥です。警戒心が強く、危険を察知するとうずくまることから「**ウズラ**」と名付けられました。英名はquailですが、これには「おじけづく、たじろぐ」の意味があります。

　ウズラ（鶉）は冬に日本に渡ってくる渡り鳥です。古くから飼鳥とされ、特に江戸時代にはその鳴き声を競う「鶉合わせ」が流行しました。飼育書が出版され、蒔絵が描かれた漆塗りの豪華な鳥籠まで売り出されました。野生のものはあまりいい声とはいえませんが、声のいいものだけをえりすぐって累代飼育した結果、素晴らしい鳴き声を発するものもいました。美声のウズラは珍重

され、賄賂にウズラを贈ったという記録が残されています（明日の新聞一面トップニュースが「大物政治家、ウズラ収賄の容疑で逮捕」だったら、ちょっと笑えるのですが）。

現在では**ウズラ**は家禽として卵や肉が食用になっています。小料理屋でモズクを注文すると、ウズラの卵黄がのってきます。モズクを食べながら「あの男、ズラだよね!?」と小料理屋で話したりしていても、「ウズラのような男」と言っているのではありません。

ウズラはふ化後40〜50日で産卵を始め、年間300個もの卵を産みます。飼養寿命は約1年です。家禽としてはニワトリにくらべて短期間に成長するので飼料効率がよく、小面積で多数を飼うことができるというメリットがあります。野生のウズラを家禽にしたのは世界中で日本だけです。

コジュケイ（小綬鶏）の羽の色は赤褐色ですが、目の上と胸の部分は濃い灰色をしています。メスも同色ですが蹴爪がありません。狩猟鳥を増やす目的で大正時代（1915年頃）に中国から輸入されたものが、現在では季節で移動せず、一年じゅう同じ地域にすむ「留鳥」として北海道を除く日本各地で広く繁殖しています。

コジュケイはキジ科のなかではもっとも人里近くにすんでいて、突然切って落としたように甲高い声で「ちょっと来い、ちょっと来い」とくり返し鳴きます。これを英語圏では"people pray, people pray〔人々は祈る〕"と聞きなします。

コジュケイはオス・メスともに鳴きますが、オスとメスが同じ声で鳴くのは鳥の世界ではめずらしいことです。すんでいるところが藪の茂った見通しの悪い竹林なので、互いに鳴きかわして場所を確認しているといわれています。英名もbamboo pheasant（竹林にすむキジ）です。学名の*Bambusicola*も「竹林にすむ」という意味です。数羽の群れで竹林などを歩きながら、くちばしで落ち葉を左右にはねのけて草の実や穀類、あるいは昆虫などを食べます。

コジュケイという名前の由来は、中国東南部にすむキジ科の鳥である「綬鶏」に似ているが、それよりも「小」型ということからです。しかしいつのまにか「小寿鶏」と表記されるようになりました。

何 と 何 が 仲間 ？

いきものは、進化の道筋をたどると共通の祖先にたどりつくといわれています。
この図はその道筋を示した「系統樹」を簡略化したものです。
似ているのにちがう仲間だったり、意外なものが仲間だったり。
ぜひ、いきものたちのふしぎなつながりを楽しんでみてください。

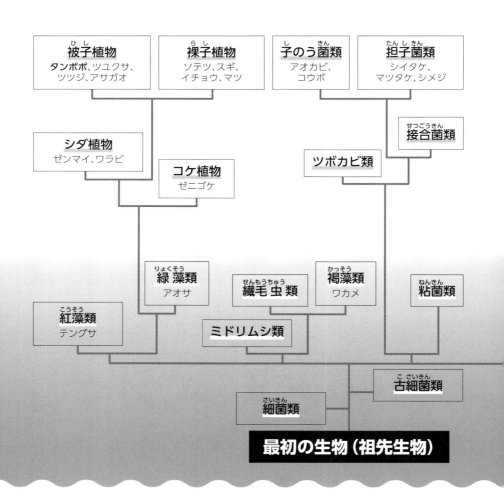

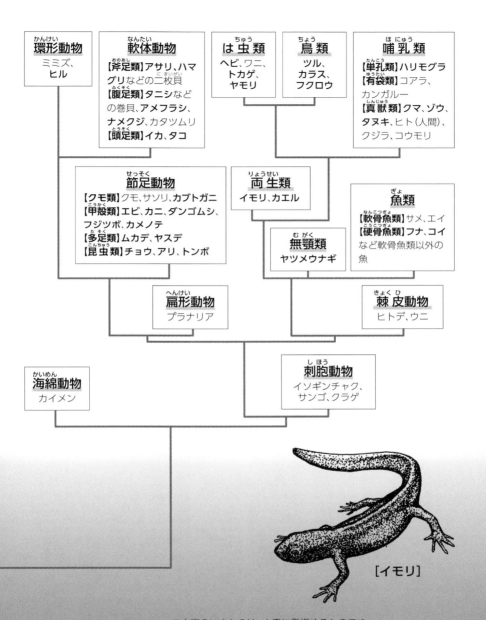

環形動物
ミミズ、ヒル

軟体動物
【斧足類】アサリ、ハマグリなどの二枚貝
【腹足類】タニシなどの巻貝、アメフラシ、ナメクジ、カタツムリ
【頭足類】イカ、タコ

は虫類
ヘビ、ワニ、トカゲ、ヤモリ

鳥類
ツル、カラス、フクロウ

哺乳類
【単孔類】ハリモグラ
【有袋類】コアラ、カンガルー
【真獣類】クマ、ゾウ、タヌキ、ヒト（人間）、クジラ、コウモリ

節足動物
【クモ類】クモ、サソリ、カブトガニ
【甲殻類】エビ、カニ、ダンゴムシ、フジツボ、カメノテ
【多足類】ムカデ、ヤスデ
【昆虫類】チョウ、アリ、トンボ

両生類
イモリ、カエル

魚類
【軟骨魚類】サメ、エイ
【硬骨魚類】フナ、コイなど軟骨魚類以外の魚

無顎類
ヤツメウナギ

扁形動物
プラナリア

棘皮動物
ヒトデ、ウニ

海綿動物
カイメン

刺胞動物
イソギンチャク、サンゴ、クラゲ

[イモリ]

※太字のいきものは、本書に登場するものです。
※いきものは、代表的なものを記しています。
※この図は『自然の探究　中学理科3』（教育出版）、『改訂版　生物』（数研出版）、『生物』（東京書籍）を参考に作成しました。

ほとんど採集されていない生きもの

　センカクモグラは、日本に生息するモグラ6種のなかの1種です。1979年に尖閣諸島・魚釣島の海岸周辺の草地で、白石 哲 氏（九州大学）によって1匹が採集され、1991年に阿部 永 氏（北海道大学）により新種として記載されました。現在、魚釣島は野生化したヤギによる生態系への深刻な影響が指摘されており、**センカクモグラ**はタイプ標本（新種として記載される際にその拠りどころとなった標本）の1匹を残して、「このまま絶滅してしまうのでは」と懸念されています。しかし、島の領土問題など複雑な政治的課題から手のほどこしようがないというのが実情です。

　ミヤコショウビンという鳥は、これまで1羽しか採集されていません。この鳥について『コンサイス　鳥名事典』（吉井 正 監修、三省堂）には「1887年［明治20年］2月5日に宮古島で唯一の1羽が採集されたのみで［採集者は田代安定］、その後の記録はなく、絶滅したと考えられている。［大正8年に］黒田長禮が命名し、タイプ標本は山階鳥類研究所にある。」（※［　］内およびルビは筆者）と記されています。

　ミヤコショウビンに関しては、どの文献を見ても1羽しか採集されていないと記されています。しかし『朝日新聞』（1936年《昭和11年》6月14日朝刊7面）には次のような記事が掲載されています。

　「地方長官会議のため上京した蔵重沖縄県知事は十三日午後三時宮内省に出頭。本月初め同県下宮古列島において捕獲された世界の珍鳥「宮古ショービン」の剥製一羽献上の手続をとった。これは銀色を帯びた紫色の羽根の小鳩位の大きさ。世界に希な珍鳥である。」（※ルビは筆者）

　皇室に献上するにあたっては、専門家によって厳密な同定（同一種であると見極めること）がなされたと思われます。しかも県知事が持参したものです。となると、**ミヤコショウビン**は昭和11年にも採集されており、「（明治20年に）唯一1羽が採集されたのみ」ということではなくなります。鳥類学者のコメントをうかがいたいものです。

Part 2

けっきょくナニモノ？

まぎらわしい名前の生きもの

抱腹絶倒の
ネーミングセンス…！

イノシシ

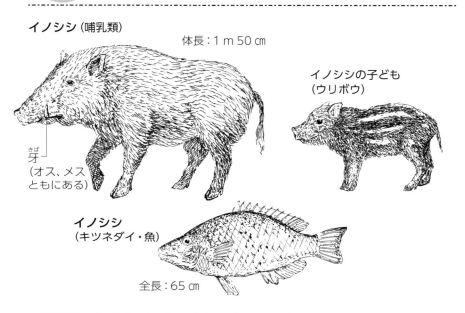

イノシシ（哺乳類）

体長：1 m 50 ㎝

イノシシの子ども
（ウリボウ）

牙
（オス、メス
ともにある）

イノシシ
（キツネダイ・魚）

全長：65 ㎝

　哺乳類の**イノシシ**（ニホンイノシシ）は日本全国の山にいると思いがちですが、東北地方や北海道などにはすんでいません。というのも、足が短いために積雪の多い地方では移動することが困難だからです。

　イノシシ（猪）は体長1 m 50 ㎝、体重100 ㎏前後で、頭が大きく体長の3分の1にもなります。つまり三頭身（首は短く「猪首」という言葉があるほどです）。歯は44本もあり、雑食性で地面にあるものなら何でも食べます。目は小さく視力はよくないのですが、そのかわり嗅覚はイヌ以上に発達しており、地中にあるヤマイモやミミズなどを嗅ぎあて、鼻先と牙を使って掘りおこして食べます。ブタはイノシシを家畜化したものですが、この習性を利用して、フランスではトリュフ（土の中に生えるキノコで「世界でもっとも価値あるキノコ」といわれる）を見つけて掘り出す作業にブタを利用しています。犯人捜査に「警察豚」というのはどうでしょうか。新聞の見出しは「お手柄ブタ君、犯人はブタ箱へ」。

イノシシの尾が短くまっすぐ垂れているのに対して、ブタの尾はくるくると巻いています。オスの犬歯（糸切り歯）は非常に発達しており、口の外に突き出て上向きの牙になっています。牙の長さは15㎝前後にもなります。追いつめられると鋭く尖った牙を武器に、敵に向かっていきます。そのスピードは100ｍを7秒台で走るほどで、100ｍの世界記録保持者、ウサイン・ボルトもびっくりのスプリンターです。

「猪突猛進」といいますが、イノシシはやみくもに猛進したりはしません。ちゃんと敵をめがけてピンポイントで突進し、方向転換も自在にできるし、急ブレーキをかけて止まることもできます。漫画では、大木の前に立つ人間にひょいと身をかわされ、そのまま突っ走って木に激突。脳震盪を起こして仰向けにひっくり返り、足をピクピクけいれんさせ、頭上で☆マークが何個も回っている絵が描かれることもありますが、そこまでドジではありません。

イノシシは水辺を好み、泳ぎも得意で数kmの川も泳いで渡ることがあります。十頭前後の群れをつくって生活しますが、オスは群れには加わりません。オスは孤独を愛し、「俺に女はいらねぇぜ」とダンディズムを貫いています（似合わねぇ〜）。さらに似合わないのは、イノシシは一夫多妻で繁殖期にはオスは数頭のメスを従えています。

イノシシの子どもは「ウリボウ（瓜坊）」とよばれ、褐色の地肌に黒色の縦じまが数本あります。これがウリの実のように見えるところからの命名です。木漏れ日の射す森林内では縦じま模様は保護色となっています。縦じまは6ヵ月くらいで消失し、親と同じ体色となります。

イノシシは畑を荒らす害獣として嫌われ、狩猟の対象となっています。四足動物の肉を食べることが嫌われた江戸時代でも、「山鯨（ぼたん）」とよばれて冬の鍋料理として珍重され、食卓をにぎわせてきました。「シシ」は肉という意味で、「ウィ」と鳴く動物を「ウィノシシ（ヰノシシ）」とよんでいました。

魚のイノシシ（キツネダイ）は、上顎の後端からまっすぐな1本の歯が前のほうへ突き出しています。これをイノシシの牙に見立てての命名です。

また、海水魚のイサキの幼魚は「ウリボウ」とよばれています。イサキの幼魚には3本の明瞭な茶色の縦じまがあり、これがイノシシの子どもに似ているということからです。

同じ
名前

カジカ

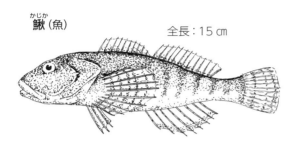

鰍（魚）

全長：15 cm

腹びれのようす

ハゼ　　　　鰍

河鹿（カエル）

全長：
オス…3.5 cm
メス…6 cm

　魚のカジカ（鰍）は、全長15 cmほどのハゼに似た魚です。しかしハゼでは左右の腹びれが合わさってひとつになっています（吸盤状）が、**カジカ**の腹びれは左右に分かれています。

　鰍はうろこがないので体表は滑らかです。水のきれいな砂利底の川にすみ、水底を這うように移動しながら、おもにトビケラやカワゲラなどの水生昆虫を食べます。早春に渓流の石の下に産卵しますが、ふ化するまでオスが卵を守るという習性があります。

　鰍は食用魚で身のしまった味が好まれており、北陸地方の伝統的な川魚料理の主役、ゴリがそれです。ちなみに「ゴリ押し」という言葉は、ゴリをとるために川底に網を押し当てて強引に進むようすから生まれました。

　鰍というのは、その味が「鹿の肉」のようにおいしい＝「河（の）鹿（肉）」ということに由来します。漢字では「鰍」と書きますが、これは造字で、早春に産卵したあと餌を十分にとって、秋には丸々と太り、秋が旬となることから

です。

　カエルのほうは一般に「**カジカガエル（河鹿蛙）**」と表記されます。渓流にすんでおり、体長は5cmほどです。体は緑色をおびた褐色で暗褐色の斑紋があり、石の上では保護色になっています。日中は川岸の石の下などに潜んでいます。

　5〜7月の繁殖期にオスが岩の上などで「ヒュル、ルルル……」という美しい声で鳴きます。メスへのラブ・ソングです。それが鹿の鳴き声に似ているというので、「河（川にすむ）鹿」ということから「河鹿」と名付けられました。

　万葉集にはカエルを詠った歌が十数種あるとのことですが、そのすべてが**カジカガエル**のことを詠っています。当時は各地の渓流などで、美しい鳴き声が頻繁に聞かれたと思われます。

　カジカガエルは、明治時代にはペットとして売られていました。水盤の中に岩を配置し、部屋の明かりを消してその鳴き声を楽しむという風流なものでした。まさに風流韻事そのものです。

　両者とも、渓流にすむ日本の固有種です。

ジャンプして移動する魚　カエルウオ

　カジカと名付けられた動物には「カエル」と「魚」の2種類がいますが、このふたつをドッキングした「**カエルウオ**」という魚がいます。関東以南に分布し、海岸の飛沫がかかる岩の上や潮だまりにすんでいて、藻を食べています。ふ化するまでの1週間、オスが卵を守ります。

　名前の由来は、岩の上を「カエル」のようにジャンプして移動する「魚」ということからです。

全長：15cm

カマキリ

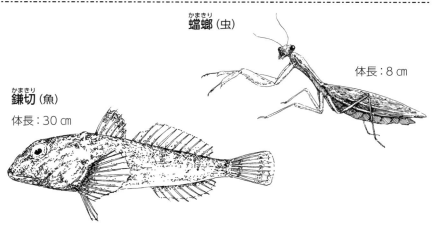

蟷螂（虫）
体長：8 ㎝

鎌切（魚）
体長：30 ㎝

　昆虫のカマキリ（蟷螂）は、西洋では信心深い虫とされています。鎌をもちあげ、胸に引きよせた姿が神に祈っているように見えるからだそうです。英名はmantisですが、「praying（祈り）mantis」と表記することもあります。日本でも、地域によっては「拝み虫」とよぶところがあります。

　しかしその実態は、非常に残忍な殺し屋で、共食いも日常茶飯事です。葉の上でじっとして、逆三角形の頭だけを四方八方にキョロキョロ動かし、大きな目で獲物を探します。獲物が射程距離に入ったと判断すると、0.04秒という目にも止まらぬ速さでサッと鎌を伸ばして捕え、頭のほうからむしゃむしゃと食べます。前足の鎌にはそり返ったトゲが無数についていて、ご馳走を落とすことがないようになっています。

　昆虫のカマキリのメスは、オスにくらべて体長で2倍、体重で4倍もあります。人間にあてはめてみると、男性の身長が1ｍ70㎝、体重65㎏とすると、女性は3ｍ40㎝、260㎏といったところです。オスにとってメスは闘える相手ではありません。カマキリは、交尾中にオスが食べられるとよくいわれますが、自然界ではそのようなことはまれなケースです。

　魚のカマキリ（鎌切）は全体的にハゼのような形をしていますが、カジカ科に属する魚で、日本の固有種です。日本のカジカ科の魚のなかではもっとも大

きくなる種で、全長30㎝に達するものもいますが、ふつうは25㎝前後です。えらぶたに4本の強力なトゲがあり、いちばん上にあるトゲは特に強大で、上に向いて曲がっています。このトゲでアユなどを引っかけて捕食するといわれており、アユカケともよばれます。

　昆虫のカマキリが餌をとるのに姿が似ているというので「カマキリ」と名付けられたのですが、実際にはトゲで刺してアユをとるのではなく、石にカモフラージュしてじっと川底に潜（ひそ）んでいて、近づいてきたアユをいきなり大きな口でガブリと噛（か）みつき、丸呑（の）みにします。

　河川（かせん）の流れのゆるやかな中流〜下流域にすんでおり、冬に河口や海に下って産卵（さんらん）しますが、その際の泳ぎ方がユニークです。というのは、腹を上にして、つまり仰向けの状態（背泳ぎ）で河口や海まで流されていくのです。ふ化した稚魚（ちぎょ）は海で1ヵ月ほど過ごしたあと、再び川を（今度は腹を下にした通常の魚のポーズで）泳いで遡（さかのぼ）ります。

まだある！　似ている姿から同じ名前に！ ヤマトシジミ

　貝のヤマトシジミは、海にそそぐ河口付近にすんでいます。私たちがみそ汁の具としていつも食べているシジミが本種です。

　昆虫のヤマトシジミのほうも、北海道以南の人家周辺でよく見られる、地面すれすれの低いところを飛ぶチョウです。シジミチョウ科に属しますが、貝のヤマトシジミの大きさと同じくらいということや、羽の色が貝の殻の内側の色に似ているということから、命名されました。

　シジミは「縮（ちぢ）み」が転じたもので「小さい」という意味です。貝も昆虫も、漢字では「大和蜆」と書きます。

殻長：4㎝

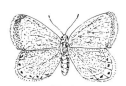

開帳：3㎝

クマ

熊
（ヒグマ・
哺乳類）

体長：2m

拡大

空摩
（甲殻類）

体長：数mm

　クマ（哺乳類）の多くは森林にすんでいます。雑食性ですが、北方にすむものほど体は大型で肉食の傾向が強く、南方のものほど体は小さく果実食の傾向が強くなります。

　日本には北海道にすんでいるヒグマ（羆、緋色の熊）と、北海道以南にすんでいるツキノワグマ（月ノ輪熊、胸のところに半月形の模様がある）がいます。「クマ」というのは、鳴き声が「クマッ、クマッ」と聞こえることに由来します。

　時折、山歩きや山菜採りなどに出かけた人がクマに襲われてニュースになります。巷間よくいわれることですが、クマに襲われたときの対処法として、死

んだふりをするといいというのは迷信です。「熊」という字は「能（力のある）灬（四本足）」という意味で、彼らは頭がいいため「ざけんじゃねぇよ！」と死んだふりをすぐに見破ります。それ以前にクマは死肉でもむさぼり食べます。座して死を待つより、イチかバチか反撃に出るべきです。さて、捨て身の反撃とは……。

　クマは襲う際、後足で立ちあがり前足の鋭い爪（つめ）で一撃してきますが、その一瞬のすきをついてサッと身をかがめ、クマの股間に潜りこみます。そしてタマタマをひきちぎるくらいの勢いで、渾身（こんしん）の力を込めて引っ張ると、さすがのクマも戦意喪失、「タマりませ～ん」と退散するといいます。もっとも、この方法で助かったという人をまだ聞いたことはありませんが。おそらく意を決して潜りこんだまではよかったのですが、運悪く相手がメスだったのかもしれません。運の悪いことを「ついてない」といいますが、意外とこれが語源だったりして。

　ところで漢方薬で「熊の胃（くまのい）」という苦い薬がありますが、あの原料は胃ではなくて胆嚢（たんのう）です。正式には「熊の胆（い）」と書きます。胆は胆嚢の古名です。腹痛や強壮に効能があるといいます。なぜクマの胆嚢は薬になり得たのでしょうか。それは、乾燥させたクマの胆嚢を小さく切りきざんで水に入れると、まるでいきもののようにぐるぐる回転するように動くので、「すげぇ～」ということになり、薬としても効くにちがいないと思われた次第です。ほかの動物の胆嚢はこういうことはないのでしょうか？　それより、熊の胆嚢を水に入れると、ホントに回転するのでしょうか？

　甲殻類（こうかく）のクマ（空摩）は体長数mmで、海にすんでおり、その形がクマ（熊）に似ているところからの命名です。こちらは人を襲うことはありませんが、もし近づいてきて身の危険を感じたときの対処法としては簡単です。指でひねりつぶしてください。

　クマノミという動物がいます。熊に寄生するノミではありません。熱帯魚です。また、超低温や超高温の環境条件、あるいは高濃度の放射線照射にも耐えられるスーパーアニマルとして名を馳（は）せているクマムシは、名前こそ虫とついていますが、虫ではありません。ちなみに、ハチクマは鳥です。

同じ
名前

シャコ

硨磲（貝）

殻はひだで波打っている

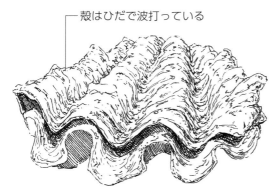

殻長：1 m 30 ㎝

蝦蛄（甲殻類）

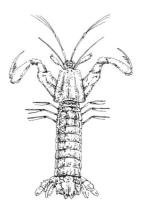

体長：18 ㎝

　シャコ（硨磲）はシャコガイ科の貝の総称で、暖かい海にすむ世界最大の二枚貝です。オオシャコガイは殻長1 m 30 ㎝、貝殻の厚さ25 ㎝、重さ250 kgに達するものもあるといいます。殻は白く、波状にうねっています。

　竜宮城の屋根はこれで葺いてあるとのことです。童謡では竜宮城は、♪絵にもかけない美しさ～♪　とのことですが、絵本には竜宮城がバッチリ描かれています。

　浦島太郎はカメ（ウミガメ）を助けましたが、ウミガメにはアカウミガメ、アオウミガメ、タイマイなど数種類います。このなかで、アカウミガメだけが産卵のために本州や四国、九州の浜辺にやってきます。アカウミガメは成長すると体長1 m、体重は100 kgを超えます。したがって、浦島太郎が助けたカメはその大きさからも「アカウミガメのメス」だと思われます。オスは陸に上がることはありません。また、メスのアカウミガメが産卵のために上陸するのは、夜間に限られます。そうなると、物語の冒頭のカメ救出シーンは「月明かりの下」ということになってしまいます。

シャコ貝は南洋諸島のサンゴ礁にすんでいます。たまにダイバーが貝の中をのぞきこんでいるときに、殻がギーッと（音がするかどうかは知りませんが）閉まってきて、あわててターンして離れようと、身をひるがえして殻の端を蹴ろうとしたとき運悪く足をはさまれて……。必死の形相で足を引き

「ヴィーナスの誕生」の貝はシャコではなくホタテ貝

抜こうと悪戦苦闘するダイバー。やがて背負った酸素ボンベが徐々に尽きて、もがき苦しみながら絶命。こんな死に方はしたくないものです。まったく情状酌量の余地のない冷酷無比な殺人犯に対して、裁判長の判決「被告を死刑に処す。それもシャコ貝、足ばさみの刑」（ヒェ〜）。

シャコ貝の殻の内面は光沢のある乳白色で、この光沢の美しさから、古来、七宝として珍重されてきました。七宝とは、金、銀、メノウ、水晶、瑠璃（青色に輝く宝石）、サンゴ、そしてシャコ貝です。ちなみに、ボッティチェリの名画「ヴィーナスの誕生」に描かれている貝をシャコ貝と記述しているものがありますが、あれはホタテ貝です。

エビに似た姿をしたシャコ（蝦蛄）は、体長18㎝ほどで、第1触角は3本のひげに分かれています。足はカマキリの鎌のような形で、この足をさっと伸ばしてトゲのあるはさみで、小魚やエビ、カニなどをしっかりととらえて食べます。

英名はmantis prawn（カマキリエビ）ですが、細かくいうとエビの仲間ではありません。夜行性で、昼間は扇形の尾をシャベルがわりにしてU字形の穴を掘り、その中に隠れています。

蝦蛄は、塩茹でにしたものが寿司だねとして知られていますが、茹でてもエビとちがって赤くはならず、薄い紫色になります。この点でもシャコはエビの仲間でないことがわかります。茹でると「シャクナゲ」の花の色のようになることから、シャコと名付けられました。

同じ
名前

ヒガイ

梭貝（貝）

鰉（魚）

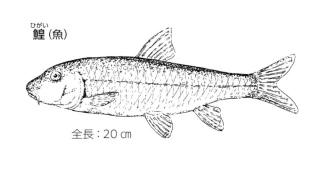

殻長：9 cm

全長：20 cm

　ヒガイ（梭貝）は、殻の上下がくちばし状に長く伸び、表面がすべすべした桃色の美しい巻貝です。殻長は9cm前後、殻幅2〜3cmで、本州中部以南から熱帯地方にかけて、沿岸の10〜50mの砂泥底にすんでいます。殻の形が布を織るときに使う道具「梭」に似ているのでこの名がつけられました。

　ヒガイ（鰉）はコイ科の淡水魚で、フナやコイにくらべてきれいな水を好み、流れがゆるやかな河川の中流から下流域にすんでいます。下向きについた小さな口には、1対の短いこぶ状のひげがあります。春にカラスガイなど二枚貝の体内に卵を産みつけ、ふ化した稚魚はまもなく貝の外に泳ぎ出ます。

　昔、痩せて弱々しい男性を「ひがいすな男」とよんでいました（近松門左衛門の『曽根崎心中』にも「ひがいすな男」という記述が見られます）。そこで細長い体型のこの魚を「ヒガイ」とよびました。しかし英名はというと、fat minnow（太ったコイ科の魚）です。

　鰉は食用になっており、3〜4月がもっとも美味です。調理法は串に刺して強い遠火で焼くというもので、その際タレを何度もくり返しつけて、タレの味をじっくりとしみこませます。ヒガイを表す漢字がなかったのであらたにつく

ろうということになり、明治天皇の大好物であったところから、魚偏に皇とい<ruby>う字（鰉）がつくられました。

　ところが「鰉」という字は中国には古くからあり、チョウザメのことです。その卵であるキャビア（caviar）の塩漬けは、魚卵の最高の珍味として名を馳せています。肉も美味でイギリスでは戴冠式の際、チョウザメ料理は欠かすことができないメニューとなっており、「ロイヤル・フィッシュ」とよばれています。「鰉」と名のつく魚は王室と関係深い魚です。

サメではないサメ　チョウザメ

　チョウザメはサメに体型が似ていますが、サメの仲間ではありません。魚類は「硬骨魚類」と「軟骨魚類」に大別されます（⇒125ページ）。サメは軟骨魚類に属し、チョウザメは硬骨魚類に属しますので、分類学的に両者は大きく異なる魚です。ついでながら、コバンザメもサメではありません。コバンザメは頭の小判形の吸盤で、サメの腹部にピタッとくっついて小さなサメのように見えますが、じつはサバの仲間です。

　チョウザメの口の下には4本のひげが生えています。成長した魚には歯がありません。体長は1.5mにもなるものがあります。外見から「サメ」と名付けたのはわかりますが、なぜ「チョウ」ザメなのかというと、体表に大きな菱形のうろこが5列並んでいて、それが昆虫のチョウの形をしているからです。**チョウザメ**は海水魚ですが、春先には川を遡上して産卵します。かつては北海道の石狩川でも、**チョウザメ**が遡る姿が見られたといいます。最近では宮崎県などで**チョウザメ**の養殖が行われており、宮崎県産キャビアが販売されています。

全長：1m 50㎝

同じ名前

ホトトギス

（鳥）

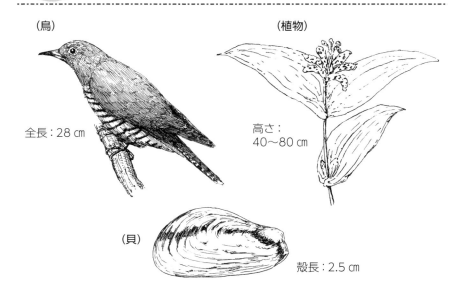

全長：28㎝

（植物）

高さ：
40〜80㎝

（貝）

殻長：2.5㎝

　鳥のホトトギスは一見小型のタカに似た鳥です。鳴き声は「テッペンカケタカ」や「特許許可局」などと聞きなし、なかなかの美声で、「あの声で蜥蜴食（とかげ）らうか時鳥（ほととぎす）」（榎本其角（えのもときかく））などと詠（よ）まれているほどです。

　鳥のホトトギスには、別の鳥（ウグイスなど）の巣に卵を産みつけて育ててもらう「托卵（たくらん）」という習性があります。自分は育児を一切放棄し、そのわずらわしさを他人に押しつけるという身勝手な習性をもつ鳥です。日本へは初夏に渡来して、秋に東南アジアへ去っていく夏鳥です。俳句では夏の季語になっています。

　鳥のホトトギスは、カッコウと外見ではほとんど区別することができないほどよく似ています。わずかに大きさがちがう程度です。ホトトギスの英名はlittle cuckoo（リトゥル　ク　クー）（小さなカッコウ）です。学名は、*Cuculus poliocephalus*（灰色の頭をしたカッコウ）ですが、カッコウの頭も灰色です。どうなってんだろう？両者は鳴き声で判別するのがもっともかんたんな方法で、そのため根気が必要

です。まさに「鳴くまで待とうホトトギス」です。ちなみに「閑古鳥」というのはカッコウの別名です。カッコウは静寂な山奥などで鳴くことから、客が来ないで静まりかえっている店内のさまをなぞらえたものです。カッコウもホトトギスと同様、托卵の習性があります。

貝のホトトギスは二枚貝で、日本各地の内湾にすんでいます。殻長2〜3㎝の卵形で、表面は黄緑色から黒紫色をしており、岩などに着生しています。殻がホトトギスの羽に似た紋様であることからの命名です。スズガモというカモの大好物はこの貝です（ちなみにスズガモの名は、飛ぶときの羽音が鈴の音に似ているところからの命名）。カモがホトトギス（鳥）を食べるといったら驚きますが、ホトトギス（貝）を食べるのは事実です。

ホトトギスガイはイガイ科に属しますが、イガイ科にはヒバリガイ、クジャクガイと名付けられた貝もいます。

植物のホトトギス（杜鵑草）は、ユリ科の多年生草本です。高さは40〜80㎝で、葉は長楕円形です。九州以南の山地に自生しています。名前の由来は、こちらのほうも、花びらにあるまだら模様が、鳥のホトトギスの胸の斑点に似ているところからです。だったら、ホトトギスの胸の斑点と同じ模様をもつカッコウにちなんで「カッコウ」と名付けてもよかったのでは？……と思ったら、ちゃんと「カッコウ」という名前の植物がありました。こちらは外見からではなく、カッコウの鳴き出す頃に花を咲かせるところからの命名です。

植物のホトトギスには「ヤマホトトギス」と名付けられたものもあります。さすがに、あの名句にちなんで「初ガツオ」と名付けられた植物はありません。

ホトトギスという名前は生物名だけにとどまらず、徳富蘆花の長編小説『不如帰』、正岡子規の主宰した俳句雑誌『ホトトギス』など、文学の分野でも多用されています。（子規という名前自体ホトトギスのことです）。鳥のホトトギスという名前は、鳴き声が「ホトトギス」と聞こえるという説もあります。清少納言は『枕草子』のなかで、「ホトトギスは自分の名前を告げて鳴く」と記しています。ホトトギスほどいろいろと聞きなされている鳥もいません。「不如帰去」とも聞きなすことができることから「不如帰」となり、これが蘆花の小説のタイトルになりました。漢字では「時鳥」あるいは「杜鵑」と書きます。

タラバガニ と ズワイガニ

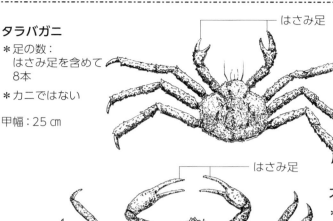

タラバガニ
＊足の数：
　はさみ足を含めて
　8本

＊カニではない

甲幅：25 ㎝

はさみ足

はさみ足

ズワイガニ
＊足の数：
　はさみ足を含めて
　10本

甲幅：オス…15 ㎝
　　　メス…7 ㎝

　タラバガニは足を広げると1mにもなる巨大な「カニ」……といいたいところですが、カニの仲間ではありません。上の図でわかるように、正真正銘のカニである**ズワイガニ**には、はさみもあわせて10本の足がありますが、**タラバガニ**には8本しかありません。

　じつは**タラバガニ**はカニではなく、ヤドカリの仲間なのです。背中側から見たのではわかりにくいのですが、ひっくり返して腹部を見ると、カニとちがってやわらかく、そのうえ腹が少しねじれています。ヤドカリは宿（巻貝）の中に入りやすいように腹部が曲がっていますが、その名残（なごり）が**タラバガニ**にもみられます。**タラバガニ**の英名は king crab（キング クラブ）（王様ガニ）ですが、カニの世界に君臨する王様がじつはカニではなくてヤドカリの仲間だったとは、これいかに。

　ついでながら、北海道名産のおいしいハナサキガニもカニではなくヤドカリの仲間です。さらにアブラガニ（こちらもヤドカリの仲間）をタラバガニと偽（いつわ）って販売している不正（偽装表示）が発覚するなど、混迷をきわめています。

タラバガニというと赤い色をイメージしがちですが、生きているときは黒っぽい紫色をしており、茹でると赤い色になります。**タラバガニ**は、メスが脱皮するときにはオスは手伝ってあげます。さらに脱皮後は殻がまだやわらかいので、オスはメスのやわ肌をそっと抱きしめて守ってあげます。ところがオスが脱皮をするときには、メスは知らん顔をしています……。女の本質はこんなもの（なのかもしれません）。

タラバガニ（鱈場蟹）という名前は「**タ**ラのいる**場**所に多い」からついたものです。ちなみに、**タラバガニ**は横歩きだけでなく、前にも歩けます。

ズワイガニは日本海側にすんでいて、山陰（鳥取や島根県）では「マツバガニ（松葉蟹）」、北陸（福井県や石川県）では「エチゼンガニ（越前蟹）」とよばれます。オスは足を広げると80㎝にもなりますが、メスはオスの半分以下の大きさで、メスはセイコガニ、コウバガニなどとよばれます。

ズワイガニの「ズワイ」は「すわえ（楚）」が変化したもので、「すわえ」とは小枝（twig）のことです。**ズワイガニ**の足を「すわえ」に見立てたのが名前の由来です。元祖ミニスカートの女王Twiggyさんもびっくり！

ヤシガニもヤドカリの仲間

　ヤシガニは「ヤシ」の木にのぼる習性があることと、その形がいかにも「カニ」のような姿なので、このような名前がつけられたのでしょう。しかしじつはタラバガニと同様、こちらもヤドカリの仲間です（足の数は8本）。

　ヤシガニは足を広げると50㎝ほどもあり、体重は1.3kgにも達します。ヤドカリの仲間といっても陸上にすんでいて、しかも貝殻の中にも入っていません。というのも、**ヤシガニ**は空気呼吸もできるうえ、体の表面は厚くて硬くなっているので、貝殻などを背負わなくても大丈夫なのです。夜になると海岸近くの穴から出てきて、ヤシの実などを食べます。英名はrobber crab（泥棒ガニ）で、ヤシの実を盗むことに由来します。なお、**ヤシガニ**には毒があるので食べると危険です。

名付け
ミス

ヨツメウオ と ヤツメウナギ

ヨツメウオ

全長：20 ㎝

水面

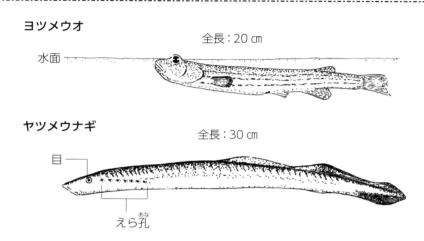

ヤツメウナギ

全長：30 ㎝

目

えら孔

　ヨツメウオ（四つ目魚）は、中南米から南米にかけての海岸沿いの河口付近にすむ魚で、目は頭の上面に4つあります……と言いたいところですが、目は2つしかありません。1つの目が水面の上と下に仕切られている状態で泳いでいるため、4つあるように見えるだけです。目の上半分を水面へ出して空中を見て、下半分の目は水中を見て、敵や餌を効率よく見つけます。

　ヨツメウオは目が4つある（?）だけではありません。交尾をする魚としても知られています。もちろんこれは**ヨツメウオ**だけの特異なものでもなくて、サメのように交尾することが古くから知られていたものもあります（鮫の漢字の「交」は交尾を表しています）。

　ヨツメウオのユニークなところは、単にオスとメスが出会って交尾をするという単純なものではありません。オスの尻びれは変形して交接器となっているのですが、この交接器は左右どちらか一方にしか曲がりません。またメスの生殖孔もどちらか一方にしか開いていません。交接器が左にしか曲がらないオスは、生殖孔が右側についているメスとしか交尾できず、右にしか曲がらないオスは、生殖孔が左側についているメスとしか交尾できないという面倒なしくみになっています。

ヤツメウナギは「八つ目」という名前から、目が8つもあるように思われがちですが、こちらも目は2つしかありません。目の後ろの7対の穴は、じつはえらなのです。ちなみにヤツメウナギをドイツ語ではNeunauge（「9つの目」の意）というそうです。これは鼻の穴まで数えた名称です。

また、「ウナギ」という名前が冠せられていますが、ウナギの仲間でもありません。それどころか魚ですらありません。いったい全体「おぬし何者……?」無顎類です。無顎類とは「円形の口」（吸盤のような口）で魚に吸いつき、血液を吸って生きている生物で、円口類ともいいます。魚にはちゃんと顎がありますが、無顎類には顎がありません（口は開きっぱなし）。顎がないということは、歯もありません（口の中に突起がありますが、歯ではありません）。いずれにせよヤツメウナギは、「ヤツメ」でもなく、「ウナギ」でもないどころか、「魚」ですらありません。ついでに、顎も歯もありません。

ナイナイづくしのヤツメウナギですが、昔から「目が8つもあるのだから、きっと目によいにちがいない」と信じられて薬となってきました。単純な発想と一笑に付したいところですが、本当に目によいことが現代の医学で立証されています。夜盲症（鳥目）といって、夜になるとものが見えづらくなる病気は、ビタミンAの不足で起きます。そのビタミンAがヤツメウナギの体内には大量に含まれていることがわかったのです。ヤツメウナギを食べると、たしかに眼病（夜盲症）に抜群の効果を発揮します。

「目」が特徴の魚　メダマウオ

メダマウオとは、北太平洋の寒流の流れる海域にすむ、全長15〜30 cmほどのメダマウオ科の魚の総称です。目が大きく、頭の上方についていることからの命名です。

スミツキメダマウオ

ホンソメワケベラ

ホンソメワケベラ

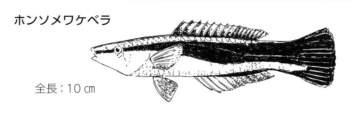

全長：10 cm

ニセクロスジギンポ

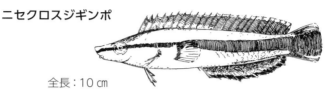

全長：10 cm

　ホンソメワケベラは、白とコバルト色のしま模様のあざやかな全長10 cmほどの魚です。一名「クリーナー・フィッシュ（掃除魚）」とよばれ、ほかの魚の体表やえらについた寄生虫を餌として食べます。どう猛なウツボですら、ホンソメワケベラが近づいてくると、口を開けて鋭い歯を掃除してもらい、けっして食べようとはしません。高校の生物の教科書では異種生物が互いに利益を得ている関係「相利共生」の例として、ホンソメワケベラとさまざまな魚との関係が図入りで紹介されています。

　ところで、この魚は発見当初、ソメワケベラの仲間と考えられ、それより体が細いということで、「ホソソメワケベラ（細ソメワケベラ）」と命名されました。ところが、「ソ」と「ン」をまちがえて印刷してしまい「ホンソメワケベラ」となってしまいました。以後ミスプリントのまま現在に至っています。高校の教科書でも「ホンソメワケベラ」と記載されています。

　余談ですが、「ウンラン」というゴマノハグサ科の「ランに似た花」をつける植物があります。私見ですが、これももともとの名前は「ウソラン（嘘蘭）」と命名されたものではなかったのでしょうか。

　それはさておき、ホンソメワケベラは数匹の群れで生活していますが、グループのなかで体のいちばん大きなものがオスで、あとは全部メスです。たっ

た1匹しかいないオスが死ぬと非常に困ったことになりますが、心配御無用です。メスのなかで最大サイズの個体が急遽オスに変身（性転換）して事なきを得るためです。

　掃除魚であるホンソメワケベラに掃除をしてもらっている間は、魚は泳ぎを止め、求めるようにひれを広げ、時には横倒しになって身を任せます。

　ここでもう1種、別の魚に登場してもらいます。名前をニセクロスジギンポといいます。名前に「ニセ」とついているだけにクセ者です。

　この魚はホンソメワケベラに驚くほど似ています。体つきや色、模様、さらには泳ぎ方までまさにうりふたつです。しかも生活している場所も同じです。まわりの魚たちも、てっきりホンソメワケベラだと思い、体についた寄生虫を取ってもらおうと油断した瞬間、ひれなどの一部を食いちぎられます。「何でこうなるの？」とあっけにとられている間に、ニセクロスジギンポはまんまと逃げ去ってしまいます。

「与えるだけ」の関係？　片利共生

カクレウオ
全長：15 cm

フジナマコ
体長：
30 cm

　ホンソメワケベラとほかの魚とは、相利共生（互いに利益を得る）の例ですが、高校の生物の教科書では、次に片利共生（片方だけが利益を得て、他方は利益も害も受けない）の例として、ナマコとカクレウオとの関係が記述されて

います。

　教科書だけに「カクレウオは危険が迫るとナマコの体内に隠れる」と格調高く記されていますが、「体内」というのは具体的には「肛門」です。つまりカクレウオは捕食者の接近を感知すると、近くにいるナマコの肛門に（意を決して？）潜りこんで難を逃れます。しかし、いくら何でも耐えられないのか、尾びれのほうから後ずさりするように入ります。そして時折頭を出してキョロキョロと外のようすを窺います（肛門越しに見る外の景色というのは、どのようなものなのでしょうか。少なくとも風情がないことだけはたしかです）。

　カクレウオは体のほうもよくできていて、細長く、ひれも小さくなっています。これでスルリとナマコの肛門内に入りこみ、「命あっての物種、背に腹は変えられぬ」とばかり、敵が去るのをまさに「息を殺して」待ちます。

　しかしカクレウオがナマコの肛門内に隠れている間に便意をもよおしたら……。そのままの状態で脱糞すると、たしかに糞をしたのに糞は依然として肛門内にあるという、いささかややこしいことになります。しかしそこはうまくできていて、何と！　カクレウオの肛門はのどのところにあります。肛門内とはいえ身を隠させてもらっているところで糞をするというのもさすがに気が引けるのか、カクレウオは礼儀正しく（？）頭を外へちょこんと出して糞をします。ついでながら、カクレウオは底曳網に入りますが、食用にはなりません（いったいどんな味なのでしょうか）。

　カクレウオにとってはナマコはじつにありがたい存在です。もしナマコが肛門内へ侵入（挿入？）されてニタ〜ッと満面の笑みを浮かべていたら、双方ともに利益を得るということになって「相利共生」ですが、ナマコは別段喜んでいるふうでもありません。かといって迷惑にも感じていないようです。だから「片利共生」なのです。

　しかもナマコの肛門内に入るのはカクレウオばかりではありません。ハゼの仲間やカクレガニ（カニの仲間）は、ナマコの肛門内を定宿（すみか）としています。それにしても解せないのは、異物が肛門から入ってきても気にも止めず、平然としているナマコのほうです。ナマコはいったい何を考えているのでしょうか。ナマコのなかには、肛門内に10匹以上ものカクレウオをすまわせ

ている太っ腹なナマコもいるというから驚きます。小心者を「ケツの穴が小さい」と揶揄しますが、その点ナマコは「あいつはケツの穴がデカイ！」と海のなかではそれなりにリスペクトされているのかもしれません。

　しかし仔細に観察してみたら、意外とナマコは喜んでいたりして。そうなると前述したように「相利共生」ということになります。あるいは顔をしかめているかもしれません。そうなると「寄生（片方が迷惑に感じている場合）」になります。いずれにせよ、教科書が塗りかえられることになります。ホントのところはどうなのでしょうか、誰か研究してみてください。

　脱線ついでに、同じく高校の生物の教科書には「相利共生」として、**アリ**と**アブラムシ**の例も挙げられています。**アブラムシ**は**テントウムシ**に食べられますが、ありがたいことに**アリ**は**テントウムシ**を追いはらってくれます。すなわち**アブラムシ**にとっては、アリ君は頼もしいガードマンなのです。

　ガードしてくれるお礼に**アブラムシ**は甘露を与えます。甘露にありつくことができるため、アリ君は**アブラムシ**のいる葉上を絶えずパトロールして、**テントウムシ**を見つけては攻撃します。

　しかし「甘露」といっても、実体は**アブラムシ**のオシッコです。甘露（美味）かどうかはなはだ疑問です。アブラムシのオシッコを「甘露」と最初に表記した昆虫学者はいったい誰なのでしょうか。ぜひとも知りたいところです。

　ところで、**アブラムシ**はどうして「油虫」とよばれるようになったのかというと、江戸時代に若者の間で、**アブラムシ**をつぶして髪に塗り、髪をテカテカと光らせるのが流行したからとのことです。テレビもスマホもなかった時代、いくらヒマをもてあましていたとはいえ、何もアブラムシをつぶして髪に塗ることはないだろう！　と思うのですが。

コマドリ と アカヒゲ

コマドリ

全長：14 ㎝

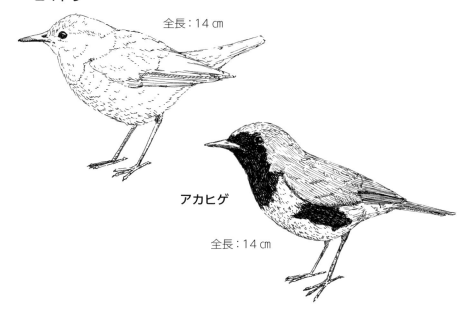

アカヒゲ

全長：14 ㎝

　コマドリ（駒鳥）の「駒」とは馬のことで、この鳥の「ヒン、カラカラ」という鳴き声が、馬のいななきに似ていることに由来します。**アカヒゲ**は漢字では「赤鬚」と書きますが、赤いひげなど生えていません。ひげの生える部分である口元や顎なども赤くありません。真っ黒です。赤いのは頭から背中にかけてで、**アカヒゲ**というのは「赤ひげ」ではなく、「赤い毛（赤ひ毛）」が訛ったものです。

　生物のそれぞれの種には、おもにラテン語か、あるいはラテン語化された言語を用いて世界共通のきちんとした名前がつけられています。これを「学名」といいます（スウェーデンの博物学者・リンネが提唱）。学名は私たちの氏名と同じように、姓（苗字）と名（名前）から成り立っています（二名法）。学名は所定の手続きに則ってつけられますが、時としてこの学名すらまちがえてつ

けられる場合があります。例えば**コマドリ**と**アカヒゲ**は両者とも美しい声で鳴く鳥ですが、学名（種名）を見てみると、**コマドリ**は*akahige*で、**アカヒゲ**は*komadori*となっています。つまり、和名のコマドリがアカヒゲ、アカヒゲがコマドリと入れかわっています。

なぜ、このようなミスが起きたのでしょうか？ 「責任者出てこい！」というわけで登場してもらいましょう。名付けたのはテミンクというオランダ人です。彼は1778年アムステルダムの貴族にして豪商の家に生まれました。42歳のとき、オランダに『国立自然史博物館（ライデン博物館）』が設立されるのを聞きつけると、父親から譲（ゆず）りうけた膨大な数の動物標本などの寄付を申し出ます。（と、ここまでは美談ですが）その交換条件として自分を博物館の館長にしてほしいと要求します。彼の申し出は了承され、80歳で亡くなるまでずっとその要職にとどまりました。

それにしてもテミンク館長は、なぜ両者を取りちがえてしまったのでしょうか。実際に彼自身がコマドリやアカヒゲを採集したわけではありません。日本が鎖国（さこく）をしていた江戸時代に来日したオランダ人（と自称していましたが、実際はドイツ人）の生物学者・シーボルトによって両種は収集されたものです。その標本をもとに「新種である」と判断したテミンクは、学名をつけて届け出た次第です。

ところで、標本にはラベルがつけられています。鳥の場合、足にラベルがくくりつけられているのがふつうで、そこには採集地や採集者が記されています。そのほか特記事項として、おそらく「日本ではこの鳥をコマドリとよんでいる」とか「アカヒゲとよんでいる」などと記されていたと思われます。そのラベルをくくりつける時点でまちがえたのか、あるいは標本を整理するときにいったんラベルを外し、再びくっつける際にまちがえたのか、いまとなってはすべてが闇の中です。

さらにテミンクのミスはこれだけにとどまりません。同じくシーボルトが採集し、オランダに剥製（はくせい）として送った**ミゾゴイ**という鳥の学名に、なんと*goisagi*「ゴイサギ」とつけてしまっています。では、**ゴイサギ**はミゾゴイという名前がつけられているのかというと、そうではありません。**ゴイサギ**はヨーロッパにもいるし、ずっと以前にリンネによって、別のちゃんとした学名がつ

けられています。

　みなさんは、「まちがえたのであれば、いまからでも変更すればいいのに」と思うかもしれません。それがダメなのです。一度つけられた名前（学名）は容易に変更することはできません。というわけで、現在でもそのまま使われています。ちなみに、本書で取り上げたイタチ（ニホンイタチ）やカジカガエル、コジュケイなどの学名もテミンクによってつけられたものです。これらの名前は別に問題はありません。

　新種の記載にあたっては、すでに登録・命名済みの種との比較検討を加えるなど、慎重に調べるのがふつうですが、イタチ（ニホンイタチ）の場合、テミンクが比較したのはヨーロッパケナガイタチただ1種類だけ（という手抜き作業）だったため、のちのちまで物議を醸すことになります。ただ、いまさら仕方ないということで、そのまま通用しています。さらに大人のヒメネズミと子どものアカネズミをごちゃまぜにして、ひとつの学名をつけるなどのミスも見られます。どうもテミンクがたびたびミスを犯しているところをみると、コマドリとアカヒゲの場合も、彼の単純ミスのような気がしないでもありません。

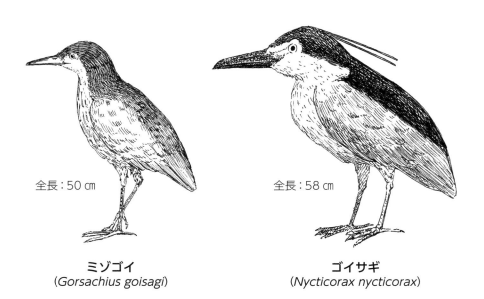

全長：50 ㎝

全長：58 ㎝

ミゾゴイ
(*Gorsachius goisagi*)

ゴイサギ
(*Nycticorax nycticorax*)

鳴き声をカン違いされた生きものたち

　秋の夜、家路を急いでいると、木の上から金属どうしを軽く打ちあてるような「チン、チン、チン……」という虫の音らしき声。音色がしてくる木を見上げると、そこには数個のミノムシが枝にぶらさがって風に揺らめいています。「なんだ。ミノムシの鳴く声か」とつぶやいて足早に通りすぎる呉服屋の若旦那。「蓑虫の音を聞きに来よ草の庵」（松尾芭蕉）、「みのむしや秋ひだるしと鳴くなめり」（与謝蕪村）と名だたる俳人はミノムシの鳴き声を感慨深く詠んでいます。

　しかし、**ミノムシ**は鳴きません。発音器自体をもっていません。じつはその声の主は、**カネタタキ**という虫です。カネタタキは体長１cmほどのコオロギの仲間で、成虫の羽は小さくオスだけにあります。オスはこの羽をこすり合わせて音を出します。ちなみにカネタタキの「カネ」は鐘ではなく、鉦（叩いて鳴らす小型の楽器）のほうです。

　ところ変わって、水田の畦などの土の下から「ジィー」と連続的な低い声が聞こえてくることがあります。土の中から聞こえてくるので、昔の人は**ミミズ**が鳴いていると思っていました。「ミミズ鳴く」は秋の季語です。「手洗へば蚯蚓鳴きやむ手水鉢」（正岡子規）。しかしミノムシ同様、ミミズにも発音器がありません。音を発しようにもその術がありません。じつは声の主は、**ケラ**です。ケラはコオロギの仲間で、２枚の前羽をこすり合わせて音を出します。ケラは地中にトンネルを掘って生活しており、夏の夜７時頃から９時頃にかけてよく鳴きます。

　鳴き声が「ブッポウソウ」と聞こえることから、**ブッポウソウ**（仏法僧）と名付けられた鳥がいますが、実際にこのように鳴くのは**コノハズク**というフクロウの仲間であることは広く知られています。ちなみに、ブッポウソウは「ゲッゲッ」と振りしぼるように鳴きます。

　実際の声の主をまちがえるということに共通するのは、すんでいる場所が重なっていることや、夜であたりが暗く、確認が難しいことなどが考えられます。

シロサイ と クロサイ

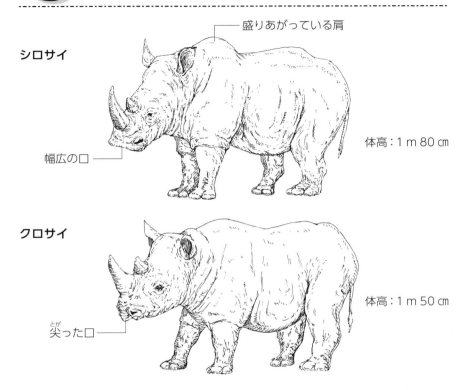

シロサイ

盛りあがっている肩

体高：1 m 80 ㎝

幅広の口

クロサイ

体高：1 m 50 ㎝

尖(とが)った口

　シロサイ（白サイ）もクロサイ（黒サイ）もアフリカにすんでいますが、両者とも体の色は茶色がかったグレーです。名前の「白」や「黒」というのは、体の色と関係がないとなると、いったい何なんだということになります。

　じつはシロサイの「白」はwhite(ホワイト)ではなく、wide(ワイド)（広い）なのです。シロサイの口は横に広がっていることから"wide"といったのを"white"と聞きまちがえて名付けられました。それでは、クロサイは？　というと、あとから見つかった別の種類のサイを命名するにあたって、先に見つかっているものが「白」なので、それと区別するために「黒」と名付けられたという安直さです。

　両者のちがいは口の形で、シロサイはもっぱら草を食べますが、短い草を効

154

率よくむしりとるのに適して口の幅が「広く」なっています。まさにwideです。一方**クロサイ**は、木の葉や細い枝などを食べるので口先がやや尖っています。体の大きさは**シロサイ**のほうがひと回り大きく、**クロサイ**では肩の部分が盛りあがっていないなどの相違点があります。また**シロサイ**は小群で生活していますが、**クロサイ**は単独生活者です。

　サイの角は種類によって１本のものと２本のものとがありますが、２本あるものでは、前方の角にくらべて後ろの角はかなり小ぶりです。角は漢方薬として高値で取引されており、角をねらった密猟によって現在絶滅の危機に瀕しています。サイにとって災難のはじまりは、角です。

まだある！
聞きまちがいや記入ミスからついた名前

　東日本にすむ**コウベモグラ**や**アズマモグラ**の正式名（学名）は、なんと「モゲラ（*Mogera*）」です。命名者はフランスの古生物学者、オーギュスト・ポメル。明治時代に来日した欧米の学者から「この動物は何という名前か？」と尋ねられて、答えた当時の日本人の発音が悪かったと思われます。しかも**アズマモグラ**（*Mogera wogura*）にいたっては、種名までも*wogura*とｍをｗと誤記しているという、考えられないような二重のミスを犯しています。

　また、世界最小の哺乳類として知られる**トウキョウトガリネズミ**（体長３㎝前後）は、東京にはすんでいません。北海道に生息しています。これは当時、採集地である「蝦夷（Yezo）」を「江戸（Yedo）」と書きまちがえたことで、「東京」とつけられた名前です。

　コゲラ（キツツキの仲間）という鳥がいますが、その種名は*kizuki*で、これはキツツキのつづりをまちがえたものです。**アオゲラ**という鳥は*awokera*です。魚の**オイカワ**や**カワムツ**の属名にいたっては*Zacco*（雑魚）です。

　植物でもまちがえたまま使われている学名があります。**イチョウ**の学名は*Gynkgo*ですが、これは**イチョウ**の漢字である銀杏（gynkyo）の誤記です。**ウメ**（梅）は*mume*で、**サザンカ**は*sasanqua*といった具合で、枚挙にいとまがありません。これら動植物の学名は、現在でもこのまま使われています。

ホントは
いない!?

アカトンボ

ナツアカネ

アキアカネ

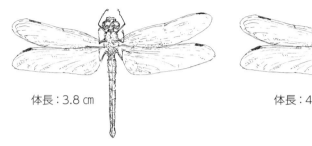

体長：3.8 ㎝

体長：4 ㎝

　稲刈りの終わった田んぼや草原などで、アカトンボが頭を同じ方向に向けて飛ぶさまは、去りゆく夏とあいまって、もの悲しさを感じさせる日本の秋の風物詩です。しかし昆虫図鑑の索引を見ても、**アカトンボ**という名前はありません。それもそのはず、**アカトンボ**というのは総称で、体の色が赤いトンボをひとまとめにしてこのようによんでいるのです。体の白いサギをシラサギというのと同じです（シラサギという鳥がいるわけではありません）。それでは、私たちをノスタルジックな気持ちに浸らせる「赤とんぼ」とは、具体的にどのようなトンボを指しているのでしょうか。

　日本には160種類のトンボがいますが、そのうち体の色が赤いトンボは20種類くらいで、その内訳を見てみるとナツアカネとかアキアカネというように、○○アカネという名前がついているものや、ショウジョウトンボ、ウスバキトンボ、ハッチョウトンボなどが主たるものです。

　このなかで数も多く、秋に集団で飛ぶのは**ナツアカネ**と**アキアカネ**です。ナツ（夏）アカネ、アキ（秋）アカネと名付けられていますが、両種とも出現時期は同時期で、初夏に成虫が現れ、秋に集団で飛び交います。通常「赤とんぼ」とよばれているのは、この２種類のトンボのことだと思われます。トンボは成虫も餌（カやウンカなど）を食べるので長生きです。だから夏に羽化して